高职高专计算机专业教材

Linux 操作系统
项目化教程
(第2版)

洪 伟 主 编
丁传炜 谢 鹏 副主编

清华大学出版社
北 京

内 容 简 介

本书根据企业网管岗位的主要工作和职业能力的需要,将企业网络的组建划分成"安装和启动 Linux 操作系统""Linux 操作系统基本管理""磁盘配置与管理""网络组建与管理""安装文件服务器"以及"组建应用服务器"六大项目以及 18 个任务,基本涵盖网管在从事 Linux 系统管理工作时所需的知识和技能。主要内容包括:选择 Linux 操作系统、安装 Debian Linux、设置用户目录、管理用户和用户组、安装和管理应用软件、设置 RAID、管理 LVM 卷、设置磁盘限额、设置系统网络参数、配置网关服务器、配置 DHCP 服务器、配置 NFS 服务器、跨网络文件传输、配置 Web 服务器、配置邮件服务器、配置 DNS 服务器、安装和使用 MySQL 数据库等。

本书基于 Debian Linux 11.5 版本,根据实际工作过程,采用任务驱动、理实一体化的教学模式组织教学内容。本书可作为高职高专计算机网络技术专业课程的教材或学生备战网络系统管理技能大赛的培训教材,也可作为中小型网络管理员、Linux 爱好者的参考用书。

图书在版编目(CIP)数据

Linux 操作系统项目化教程/洪伟主编. —2 版. —北京:清华大学出版社,2023.6
高职高专计算机专业教材
ISBN 978-7-302-63842-1

I. ①L… II. ①洪… III. ①Linux 操作系统—高等职业教育—教材 IV. ①TP316.85

中国国家版本馆 CIP 数据核字(2023)第 107726 号

责任编辑:王 军
装帧设计:孔祥峰
责任校对:马遥遥
责任印制:沈 露

出版发行:清华大学出版社
    网 址:http://www.tup.com.cn,http://www.wqbook.com
    地 址:北京清华大学学研大厦 A 座   邮 编:100084
    社 总 机:010-83470000   邮 购:010-62786544
    投稿与读者服务:010-62776969,c-service@tup.tsinghua.edu.cn
    质 量 反 馈:010-62772015,zhiliang@tup.tsinghua.edu.cn
印 装 者:三河市天利华印刷装订有限公司
经 销:全国新华书店
开 本:170mm×240mm 印 张:16.25 字 数:337 千字
版 次:2013 年 1 月第 1 版 2023 年 8 月第 2 版 印 次:2023 年 8 月第 1 次印刷
定 价:69.80 元

产品编号:093959-01

前　言

随着计算机网络技术的日益普及，计算机网络已进入社会的各个层面，许多中小型企业都已建立起自己的内部网络。众多企业首选 Linux 作为服务器操作系统，Linux 在企业中的应用已成为其主要发展方向。

Linux 作为一种开源、多用户、多任务操作系统，以性能稳定、安全性高、成本低、具备强大的网络服务功能等特性成为计算机网络首选的系统平台。如今，Linux 已进入企业的多种业务应用领域：数据库、电子邮件、Web 服务、防火墙以及多种商业应用等。无论是中小企业还是政府部门，都已将 Linux 作为长期需要的可行选择。

本书以目前广泛使用且自由、稳定的 Debian GNU/Linux 操作系统为例，按照课程教学改革思路进行编写，以工作过程为导向，采用任务驱动教学模式，理论与实践相结合，充分体现高职高专特色，是一本"教、学、做"一体化的工学结合教材。通过对本书的学习，不仅能增加理论知识，还能积累实践经验，提高职业能力，在最短的时间内掌握更多的实用知识。

另外，在内容选取和深浅把握方面，本书将职业性、适用性和针对性相结合，坚持理论够用、侧重实践的原则。

本书共分为六大项目以及 18 个工作任务。通过实施工作任务，能使读者较为全面地体验 Linux 从安装管理、网络组建到文件服务器及应用服务器的配置等整个过程，组建功能较为完善的 Linux 服务器。各个任务的主要内容如下。

- 任务 1：选择 Linux 操作系统。介绍 Linux 操作系统的发展、特点以及各种 Linux 发行版。
- 任务 2：安装 Debian Linux。以 Debian Linux 11.5 为例，详细介绍 Linux 的安装及启动过程。
- 任务 3：设置用户目录。主要讲解 Linux 的文件系统、常用命令、文件和目录权限。
- 任务 4：管理用户和用户组。讲解 Linux 系统用户和用户组管理的概念和操作。
- 任务 5：安装和管理应用软件。讲解 Debian Linux 软件包管理的方法、软件源的配置以及 apt 命令的使用。

- 任务 6：设置 RAID。介绍 Linux 的磁盘分区以及 RAID 的设置。
- 任务 7：管理 LVM 卷。讲解 Linux 中 LVM 卷的使用方法。
- 任务 8：设置磁盘限额。讲解在 Linux 中设置磁盘限额的方法。
- 任务 9：设置系统网络参数。详细介绍 vi 编辑器的使用方法、通过 Linux 网络配置文件和命令设置 Linux 网络的方法。
- 任务 10：配置 DHCP 服务器。讲解 DHCP 的工作原理、Linux 系统中 DHCP 服务器的安装与配置、DHCP 客户机的配置。
- 任务 11：配置网关服务器。详细介绍利用 Linux 服务器配置 NAT 服务器以及 iptables 和 UFW 命令的使用方法。
- 任务 12：配置 NFS 服务器。讲解 NFS 服务器的安装、配置及应用方法。
- 任务 13：与 Windows 系统互访。介绍 Samba 服务器的安装、配置以及 Linux 和 Windows 共享资源的访问。
- 任务 14：跨网络文件传输。以 VSFTPD 为例介绍 FTP 服务的安装、配置和应用方法。
- 任务 15：配置 Web 服务器。讲解在 Linux 中安装、配置和管理 Apache 服务的方法。
- 任务 16：配置 DNS 服务器。通过 DNS 服务器的安装和配置以及客户端的配置过程阐述 DNS 服务器的管理和应用方法。
- 任务 17：配置邮件服务器。以 Postfix 为例介绍邮件服务器的安装、配置、SMTP 认证和客户端使用的方法。
- 任务 18：安装和使用 MySQL。讲解 Linux 系统中 MySQL 数据库的安装与使用方法。

为了让读者更好地掌握所学知识，本书在每个任务后都配备了习题和实验，以起到复习理论和提高实践能力的作用。书中习题答案与课件可通过封底的二维码下载。

本书以最新稳定的 Debian 11.5 版为基础，所有服务器程序也以随 Debian 更新的版本进行配置，同时根据 Linux 在企业中的应用需求和全国职业院校技能大赛的变化对内容进行了调整。所有操作实训均在虚拟机上完成，便于学生课后自己动手完成实验。

本书由洪伟任主编，丁传炜、谢鹏任副主编，参与本书编写的还有田大维、陆静、陈网凤、杜建峰，凝聚了编者多年的教学和科研经验。在编写过程中，由于编写时间仓促，难免有不足和疏漏之处，恳请广大读者批评指正。

编 者

目　录

∞ 项目一 ∞
安装和启动Linux操作系统

任务 1　选择 Linux 操作系统

任务引入

某中小企业准备构建企业内联网(Intranet)，需要选择合适的网络操作系统，要求该操作系统安全、可靠且能提供各种网络服务，同时成本低廉。

任务实施流程

(1) 了解目前主流网络操作系统(UNIX、Windows、Linux)的特点，从中选择一种能满足自身要求的操作系统。

(2) 对于所选择的操作系统，选择合适的操作系统版本。

1.1　选择 Windows 还是 Linux

操作系统是计算机系统内控制和管理各种硬件和软件资源、有效支撑应用程序运行环境并为用户提供良好操作环境的软件，而网络操作系统是向网络计算机提供服务的特殊操作系统。网络操作系统使网络中的各种资源有机地连接起来，提供网络资源共享、网络通信和网络服务等功能。

网络操作系统运行于网络服务器，在网络中占主导地位，负责控制和管理整个网络的运转，是网络的心脏和灵魂。因而，在企业网建设过程中，选择适合自己的网络操作系统极其重要。

网络操作系统有很多种，目前主流产品有三大类：UNIX、Windows 和 Linux。Windows 为我们所熟知，因此下面先对 UNIX 和 Linux 作简单介绍，然后根据各自特点选择。

1.1.1　UNIX 操作系统

UNIX 操作系统由美国国际电话电报公司(AT&T)的肯·汤普逊(Kenneth Thompson)、丹尼斯·里奇(Dennis Ritchie)于 1969 年在贝尔实验室开发，具有多任务、多用户的特点。

UNIX 的发展经历了几个不同阶段。

最初，UNIX 仅在实验室内部使用并完善。在此期间，UNIX 的版本从版本 1 发展到了版本 6。在 1973 年，为提高 UNIX 的移植性，肯·汤普逊与丹尼斯·里奇开发了大名鼎鼎的 C 语言，并成功用 C 语言重写了 UNIX 第 3 版的内核，为 UNIX 日后的普及打下了坚实基础。1974 年，UNIX 第 5 版以"仅用于教育目的"的协议，提供给各大学作为教学之用，成为当时操作系统课程的首选。

1978 年，加利福尼亚大学伯克利分校(UC Berkeley)推出了一份以 UNIX 第 6 版为基础，加上一些改进和新功能而成的 UNIX，这就是著名的 BSD(Berkeley Software Distribution)。与此同时，AT&T 成立了 USG(UNIX Support Group)，将 UNIX 变成商业化的产品，在 UNIX 第 7 版的基础上开发了仅供出售的商业版本，并改用 System 加罗马字母作为版本号来命名该版本。从此，BSD 的 UNIX 便和 AT&T 的 System UNIX 分庭抗礼，各自蓬勃发展。

同时，其他一些公司也开始各自研制自己的 UNIX 系统，如 Bill Joy 在 BSD 基础上开发了 SunOS 并最终创办了 Sun Microsystems 公司。

20 世纪 90 年代，AT&T 认识到了 UNIX 的价值。为垄断 UNIX，AT&T 在 1992 年正式对 Berkeley Software Design 有限责任公司(BSDI)提起诉讼，迫使 BSDI 不得不推出不包含任何 AT&T 源代码的 4.4 BSD Lite，这使很多 UNIX 厂商从 BSD 转而使用 System V，如 Sun Microsystems 公司从 SunOS 5.0 开始将 SUN 的操作系统开发转向 System V 并取名为 Solaris。这场官司也促使了自由软件的发展，其中最典型的代表就是 Linux。

1.1.2　Linux 操作系统

在熟悉 Linux 操作系统之前，需要先了解与之相关的 Minix 系统和 GNU 计划。

Minix 的名称取自英语 Mini UNIX，是一款迷你版本的类 UNIX 操作系统(全部程序共约 12 000 行)，由荷兰阿姆斯特丹的安德鲁·塔嫩鲍姆 Andrew S. Tanenbaum 教授(见图 1.1)开发，主要用于操作系统课程的教学。

图 1.1 安德鲁·塔嫩鲍姆

GNU 是 GNU's Not UNIX 的递归缩写，由理查德·斯托曼(Richard Stallman，见图 1.2)在 1983 年 9 月 27 日公开发起，目标是创建完全自由的类 UNIX 操作系统，包括软件开发工具和各自应用。GNU 的精神是自由、合作与分享，如同斯托曼在解释为何发起该计划时所说，要"重现当年软件界合作互助的团结精神"。

图 1.2 理查德·斯托曼

为保证自由软件(Free Software)可以自由地"使用、复制、修改和发布"，所有 GNU 软件和派生工作均遵循 GNU 通用公共许可证(GNU General Public License，GPL)。GPL 通过如下途径实现这一目标。

- 要求软件以源代码的形式发布，并规定任何用户都能够以源代码的形式将软件复制或发布给其他用户。
- "饮水思源"准则：如果用户的软件使用了受 GPL 保护的任何软件的一部分，那么该软件就继承了 GPL 软件并成为 GPL 软件。
- GPL 并不排斥对自由软件进行商业性质的包装和发行，也不限制在自由软件的基础上打包发行其他非自由软件。

小知识:

软件是一种知识产权,受法律保护。在我国,软件著作权保护的主要依据是《计算机软件保护条例》。无论是商业软件、共享软件还是自由软件均受保护,自由软件只是在其许可协议范围内可被任何人自由使用。

1985 年,理查德•斯托曼又创立了自由软件基金会(Free Software Foundation)为 GNU 计划提供技术、法律以及财务支持。

到 1990 年,GNU 已经开发出大部分 UNIX 系统的程序库和工具,如功能强大的文字编辑器 Emacs、著名的 C 语言编译器 GCC 等。由于 GNU 软件的质量比之前 UNIX 的软件还要好,因此许多 UNIX 系统中都安装了 GNU 软件,同时 GNU 工具还被广泛地移植到 Windows 和 Mac OS 上。但此时,核心组件依然没有完成,那就是操作系统的内核,这为 Linux 提供了机遇。

Linux 的创始人是林纳斯•托瓦兹(Linus Torvalds,见图 1.3)。1991 年 8 月,芬兰赫尔辛基大学的学生林纳斯•托瓦兹在网络上发了个帖子。

Hello everybody out there using minix—I'm doing a (free) operation system (just a hobby, won't be big and professional like gun) for 386(486) AT clones.[1]

图1.3 林纳斯•托瓦兹

正如林纳斯在帖子中所说的,Linux 最初是全新的、可在 Intel 80386 CPU 上运行的类似 Minix 的免费操作系统,但完全没有 Minix 的源代码。当时,林纳斯为这个系统所取的名字并不是 Linux,而是 Freax(怪诞的、怪物、异想天开的意思)。只是当林纳斯将他的系统上传到 FTP 服务器后,管理员 Ari Lemke 取 Linus's UNIX 的谐音将 Linux 作为操作系统目录。于是,Linux 这个名字开始流传,林纳斯•托瓦兹也成为 Linux 之父。

---

1 使用 Minix 的各位,大家好。我正在开发一款(免费的)类 386(486)计算机上的 UNIX 操作系统(只作为业余爱好,不如 gnu 操作系统那么大和专业)。

在林纳斯和众多爱好者的共同努力下，Linux 得到了快速发展和广泛应用。

- 1992 年，全世界大约有 1 000 个人使用 Linux，并且有不少人提供初期的代码上传和评论。
- 1994 年 3 月，Linux 1.0 问世，包含约 17 万行代码。若按完全自由免费的协议发布，源码必须完全公开，之后 Linux 很快正式采用 GPL 协议。
- 1996 年 6 月，Linux 内核 2.0 发布，可支持多个处理器，包含约 40 万行代码。Linux 全球用户量约在 250 万。
- 1999 年 1 月 25 日，历经两年多的研发，Kernel 2.2.0 正式发布。
- 2003 年，Kernel 2.6.0 正式发布。
- 目前最新的内核版本于 2022 年 12 月发布，稳定版(stable)是 6.0.12，长期支持版(longterm)是 5.15.82。

目前，Linux 已融入人们生活的方方面面。从 Internet 的服务器主机到各式各样的桌面终端，从大型的群集计算到手持移动设备，Linux 已成为成熟而完整的操作系统。

注意：

从技术上说，林纳斯的 Linux 只是内核，而不是完整的操作系统。因此 Linux 也被称为 GNU/Linux 操作系统。

小知识：

Linux 内核在 2.6 版本前以 $x.y.z$ 的形式表示，其中第 1 个数字 x 代表主版本号，第 2 个数字 y 代表次版本号，最后的数字 z 代表修改次数。次版本号为偶数时表示稳定版，为奇数时表示测试版。2.6 版本之后非正式发布版用 rc 表示，如目前最新的主线版本(mainline)为 6.1-rc8。

1.1.3　Linux 比 Windows 更适合中小企业

从前面可知，UNIX 是一款功能强大、性能全面、可靠性高的多用户、多任务操作系统，一般作为高端应用。

Linux 是一种在外观和性能上与 UNIX 类似的操作系统，同时遵循开源许可协议，被称为自由的类 UNIX 操作系统。Linux 具有与 UNIX 类似的高可靠性、高性能的特点，与 Windows 系统相比，更适合中小企业采用。

1. Linux 比 Windows 更稳定、响应更快

作为网络操作系统，首先要求系统稳定可靠，同时响应速度要快。在这点上，以 UNIX 为基础发展起来的 Linux 很好地继承了 UNIX 系统高可靠性和高性能的特点，比 Windows 系统更稳定可靠。

Linux 系统的正常运行时间要长于 Windows 系统，或者说 Windows 系统的宕机

时间要比 Linux 系统长。同时，Linux 的平均响应时间要比 Windows 短。

2. Linux 比 Windows 安全

微软在评价 Linux 时认为：作为开源、非商业化公司开发和管理的系统，其安全性存在问题。但在实际使用中，Linux 系统的安全性问题要比 Windows 系统少。这不是说 Linux 系统不存在安全性问题，但由于 Windows 用户数远大于 Linux，因此大多数病毒、木马等都是针对 Windows 系统的，使用 Linux 系统可免受大多数病毒的攻击。同时，由于 Linux 的源代码是开放的，因此系统漏洞更容易被发现和修复，从而减少了系统可能被攻击的机会。因此，使用 Linux 系统在安全性上要比 Windows 系统好。

3. Linux 比 Windows 更方便远程管理

如果说 Linux 比 Windows 系统更方便易用，可能许多人会反对。确实，大多数用户已习惯使用 Windows，特别是习惯在 Windows 图形界面下工作。但在对服务器进行远程管理时，图形界面会占用过多的带宽，使得速度十分缓慢。而 Linux 系统是一种可定制的操作系统，在服务器上仅需要安装很小的"基本系统"及要用到的组件，不必安装许多不需要的组件，如 X-Window 系统(Linux 下的图形系统)。因此，Linux 系统更简洁，有利于远程管理，同时也节约了系统资源，提高了运行效率，减少了安全隐患。

4. Linux 比 Windows 应用成本低

中小企业在组建系统时，成本是考虑的重要因素，这一点 Linux 的优势要远大于 Windows 系统。Windows 系统是商业化软件，无论是运行在服务器上的 Windows Server 操作系统本身还是各种应用软件，包括今后系统的升级、客户端与服务器相连接的许可等都要花钱购买。而 Linux 系统本身是免费的，同时有大量免费的运行于 Linux 系统平台的应用软件。

另外，相对于 Windows 系统，Linux 平台对硬件的要求更低。因此相对于某种应用，可选购相较 Windows 平台更便宜的服务器。

除此之外，Linux 与 Windows 相比，还具有支持更多的硬件平台、更丰富的网络功能、更良好的可移植性等优势。

因此，Linux 系统具有良好的稳定性、可靠性、安全性、开放性以及较高的性能和较低的成本，是中小企业组网的最佳选择。

1.2 选择合适的 Linux 发行版

1.2.1 Linux 发行版

就本质来说，Linux 只是操作系统的核心，被称为内核，负责控制硬件、管理文件系统、进程控制等，但并不向用户提供工具和应用软件。因此一些组织、公司和个人会根据需要，将 Linux 内核、来自 GNU 计划的大量函数库以及各种各样的系统管理软件或应用软件集成在一起，组成一套完整的操作系统，这样的组合便被称为 Linux 发行版。

目前有超过 300 种 Linux 发行版，主要开发者为商业公司和社区组织。不同的 Linux 发行版分别针对桌面用、作为服务器、针对嵌入式小型系统等。常见的 Linux 发行版包括 Red Hat、CentOS、SUSE、Debian、Ubuntu、Linux Mint、Slackware、Gentoo 等。

尽管 Linux 发行版种类众多，但根据软件包管理工具及软件包格式的不同，大致分为基于 rpm 包、deb 包和源代码包等几类。软件包格式不同，应用软件的安装与升级也不同。

1. 基于 rpm 包的 Linux 发行版

rpm 是 RedHat Package Manager(RedHat 软件包管理工具)的英文缩写，rpm 包文件名采用"软件名-主版本号-次版本号.硬件平台类型.rpm"的固定格式。随着 Red Hat Linux 的流行，出现了如下采用 rpm 软件包管理方式的 Linux 发行版。

- Red Hat(见网址 1.1)。
- SUSE(见网址 1.2)。
- 红旗 Linux(见网址 1.3)。

2. 基于 deb 包的 Linux 发行版

deb 包是 Debian 系统的软件包格式，配合 apt 软件包管理工具，很好地解决了软件包之间的兼容性问题，成为当前非常流行的一种 Linux 安装包。基于 deb 包的 Linux 发行版主要包括以下几种。

- Debian(见网址 1.4)。
- Ubuntu(见网址 1.5)。
- 深度操作系统(见网址 1.6)。

3. 基于源代码包的 Linux 发行版

源代码包是指 Linux 系统本身以及各种应用程序均以源代码形式给出，在使用前需要用户在自己的系统中重新编译建造。由于在本地编译软件，参数和变量由用户自己指定，使得软件针对硬件进行了优化和定制，因此提高了系统性能。在基于源代码包的 Linux 发行版中，最著名的是 Gentoo。

- Gentoo(见网址 1.7)。

1.2.2　国产操作系统

无论是计算机还是通信终端，所有应用程序的运行都离不开操作系统。2008 年微软公司针对盗版 Windows 和 Office 用户实行的"黑屏事件"，以及近年美国对华为公司的制裁都在提醒我们中国必须要有自己的操作系统。

在政府的大力支持下，我国的操作系统研发和应用取得了重大进步。但由于起步较晚，国产操作系统多为以 Linux 为基础二次开发的操作系统。主要产品如下。

- 深度操作系统(Deepin)：这是武汉深之度科技有限公司基于 Debian 开发的 Linux 桌面版，具有美观、易用、安全、免费的特点，是世界排名最高的国产操作系统。
- 统信操作系统(UOS)：由中国电子集团、武汉深之度科技有限公司、南京诚迈科技、中兴新支点等多家国内操作系统核心企业共同开发，支持龙芯、飞腾、兆芯、海光等国产芯片，主要面向政府部门、企事业单位。
- 中标麒麟(NeoKylin)：由中标普华和银河麒麟两大系统合并后推出的新系统。
- 优麒麟(Ubuntu Kylin)：由麒麟和 CCN 联合实验室主导的开源项目，是 Ubuntu 的官方衍生版。
- 欧拉(openEuler)：由华为推出的开源免费的 Linux 发行版系统，意在通过开放的社区形式与全球的开发者共同构建一个开放、多元和架构包容的软件生态体系。

1.2.3　选择 Linux 发行版

每种 Linux 发行版都有自己的应用对象和用户群，每个人也有自己的喜好。可以根据自己的喜好选择，但就中小企业用户来说，建议选择 Debian Linux 作为网络操作系统。

首先排除 Gentoo 等基于源代码包的发行版。尽管 Gentoo 可以提供更优化的系统，用户的自由度也最大，但编译 Linux 太耗时间，而最终得到的系统在性能上的提升可能很小。

其次排除基于 rpm 包的 Linux 发行版，如 Red Hat、CentOS 等。这两种发行版由红帽(Red Hat)公司支持。红帽公司在 1995 年创建，是全球最大的开源技术厂商，对 Linux 的发展贡献很大。红帽公司的产品 RedHat Linux 是相当成功的 Linux 发行版，也是使用最多的 Linux 发行版。但从 2004 年起，Red Hat 公司停止了对 Red Hat 9.0 版本的支持，将力量集中在服务器版的开发上，也就是 Red Hat Enterprise Linux(RHEL)版本。RHEL 是收费的，必须在购买 RHEL 的授权或申请试用后才可以在一定期限内使用它。另外，其社区版的 CentOS 则在 2020 年后终止了 CentOS Linux 版本，而仅提供 CentOS Stream 版本。

Debian GNU/Linux 首次公布于 1993 年，是完全非商业目的的发行版，也是迄今为止最大的协同软件项目。Debian 的实际发展包含 3 个主要分支：unstable 版、testing 版和 stable 版。这种渐进集成和封装的稳定特性使 Debian 成为"拥有最好体验和最少 bug 的发行版之一"。作为服务器，可使用 Debian 的 stable 版(稳定版)，尽管该版本的软件包可能不是最新的，但可保证系统的稳定。

因此，Debian Linux 发行版是中小企业比较理想的网络操作系统。本书基于 Debian Linux 11.5 编写。

注意：
不要将 Linux 内核的版本和各种发行版的版本混淆。

任务实施

根据中小企业对网络操作系统安全、稳定、易于管理、对硬件要求不高、可支持多种网络服务、成本低的需求，选择 Linux 作为企业服务器的网络操作系统。

鉴于 Debian Linux 完全自由开放、软件包管理方便等特点，在众多 Linux 发行版中最终选择 Debian Linux 发行版作为服务器的操作系统。

思考和练习

一、选择题

1. 以下不能作为网络操作系统的是(　　)。
　　A. UNIX　　　　　　B. Windows 10　　C. Linux　　　　　D. Solaris
2. Free Software 中 Free 的含义是(　　)。
　　A. 免费　　　　　　　　　　　B. 只有原作者才可收费
　　C. 可自由修改和发布　　　　　D. 发行商不能向用户收费
3. 选择网络操作系统时一般要考虑哪些因素？(　　)
　　A. 稳定可靠　　　B. 安全　　　　C. 成本低
　　D. 易管理　　　　E. 以上全是
4. 以下作为 Linux 内核版本号，说法错误的是(　　)。
　　A. 内核版本以"主版本号.次版本号.修改次数"的形式表示
　　B. 2.6.1 表示稳定版本
　　C. 2.7.2 表示稳定版本
　　D. 2.6.5 表示对内核版本号为 2.6 的第 5 次修正
5. 目前市面上有很多 Linux 发行版，这里的 Linux 表示(　　)。
　　A. Linus Torvalds　　　　　　B. 内核
　　C. Red Hat Linux　　　　　　D. 自由操作系统
6. 以下操作系统中不属于 Linux 的是(　　)。
　　A. CentOS　　　　B. Debian　　　C. RedHat　　　D. FreeBSD

二、简答题

1. GNU/GPL 分别代表什么?

2. Linux 主要有哪些特点?

实验 1

【实验目的】

1. 了解各种网络操作系统的特点。

2. 熟悉常用的 Linux 发行版。

【实验准备】

一台能够连接互联网的计算机。

【实验步骤】

(1) 利用互联网、图书资料等方式查询不同版本的 Windows、UNIX 和 Linux 网络操作系统各两个。要求了解各个系统的名称、厂商、软件授权、软件费用、软件特点、使用场合等信息。

(2) 查询 5 个以上 Linux 发行版。要求了解系统名称、发行者或厂商、logo、软件包管理方式、软件特点等信息。

【实验总结】

1. 列表写出不同网络操作系统之间的区别。

2. 列表写出不同 Linux 发行版的区别。

任务 2　安装 Debian Linux

任务引入

某中小企业的网络管理员选择 Debian Linux 作为企业数据库服务器的操作系统。现在需要将 Debian Linux 操作系统安装至数据库服务器,并对服务器进行合理分区,假设服务器的硬盘大小为 1 000GB、内存为 4GB。

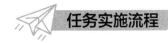

任务实施流程

(1) 安装前的准备。

(2) 安装 Debian Linux 操作系统并对系统分区。

(3) 启动 Debian Linux 并配置启动菜单。

2.1 安装前的准备

2.1.1 Debian Linux 系统硬件要求

1. CPU

与 Windows 相比，Debian Linux 支持更多类型的 CPU，如主流的 Intel x86 系列和 AMD 64 系列，以及 HP PA-RISC、DEC Alpha、MIPS、PowerPC、SPARC 和 ARM 等系列。国产龙芯 CPU 仅能用于 Linux 系统而不能用于 Windows 系统。

2. 内存

Debian 11 运行时所需的内存非常少，系统推荐最少需要 256MB 的内存。不过鉴于内存容量越大，系统运行速度越快，建议非桌面安装使用 512MB 以上的内存空间。桌面安装则需要更大内存，例如，使用 GNOME 桌面系统最好配备 4GB 以上的内存空间。

3. 硬盘

Debian 所需的硬盘空间与安装的软件有关系。Debian 11 至少需要 2GB 的硬盘空间。例如，使用 GROME 桌面系统，安装建议留有硬盘空间 10GB 以上。

注意：

上述硬件需求仅是安装时的最小要求，实际使用中应考虑用户的业务和性能需求。

2.1.2 系统备份与分区

对于旧计算机，在开始安装 Debian 之前，需要备份计算机中的所有数据。如果计算机中安装有其他操作系统(如 Windows)，同时希望把 Debian 与该操作系统安装在同一块硬盘上，那么必须重新对硬盘分区(Debian 需要专用的硬盘分区，不能安装在 Windows 或 MacOS 的分区上)。通常情况下，改动已经建立文件系统的分区会导致其中的数据信息遭到破坏，因此在重新分区之前必须做好备份。

如果遇到以下情况，可以考虑暂不进行分区操作。

- 如果计算机配有不止一块硬盘，那么可以考虑把其中的一块硬盘专门分配给 Debian 使用，这时可以不用在启动安装系统前对硬盘分区，而是利用安装程序自带的分区程序进行分区。

- 如果计算机只有一块硬盘，而且机主愿意把原来的操作系统完全替换成 Debian，那么同样可以在启动安装系统后，当安装时再利用安装程序自带的分区程序进行分区。

● 如果计算机中已经有多个分区，并且通过删除或替换它们中的一个或多个就能为 Debian 安装提供足够的空间，那么也可以把分区操作延后，到安装时再使用安装程序自带的分区工具进行分区。

小知识：

如果打算在同一台机器上安装多个操作系统，最好在安装 Debian 之前，先把其他所有系统都装好。Windows 和其他操作系统的安装过程可能会导致无法启动 Debian。

2.1.3 获取安装光盘

有多种途径获取最新版的 Debian 系统，通常在 Debian 官方网站即可下载 Debian ISO 镜像安装文件。从 Debian 6.0 开始，Debian 正式提供官方 LiveCD，用户无须安装或改动计算机上的硬盘就可直接在光盘上试用 Debian 桌面。

Debian 可以通过多种方式安装，如光盘、U 盘、网络等方式。在计算机配有光驱的情况下，光盘安装是最简单的离线安装方式。一般可从网上下载安装光盘的 ISO 镜像，然后再刻录到 CD 或 DVD 光盘。Debian 的安装光盘非常庞大，全部下载需要多张 DVD 光盘。但实际只需要下载第一张光盘镜像即可，Debian 通常将常用的软件放在首张光盘，其余配置或程序可以由 Debian 安装程序自动从网上下载安装。

本书选择使用光盘安装，以 Debian 11.5 安装为例。

2.2　安装系统

2.2.1　从光盘安装 Debian Linux 系统

在光驱中插入安装光盘，将计算机的 BIOS 设置成从光盘启动，重启计算机。

1. 等待加载光盘

计算机启动后，过一段时间会进入 Debian 安装界面，在此可选择安装方式(如图 2.1 所示)。

用户可以通过上下方向键选择文字安装模式(Install)或图形安装模式(Graphical install)。两者在安装过程上没有区别，只是图形安装模式更直观，适合初学者；而文字模式对系统需求更小，稳定性较高。

用户也可以选择 Advanced options 进行高级设置。例如，改变默认安装的桌面环境(GNOME)，选择 KDE/XFCE/LXDE 等其他桌面环境。

本书选择图形安装模式，按 Enter 键以启动安装程序。

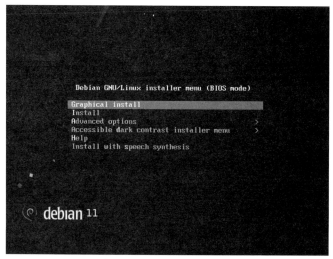

图 2.1　Debian 安装启动界面

2. 选择语言

首先需要在"选择语言"窗口中选择安装语言，以作为后续安装过程中显示的语言。所选语言也将成为安装系统的默认语言，如果要使用中文，可选择中文简体，也可选择英文(如图 2.2 所示)。在此我们选择"Chinese(Simplified) -中文(简体)"，然后单击【Continue】按钮进入下一个界面。

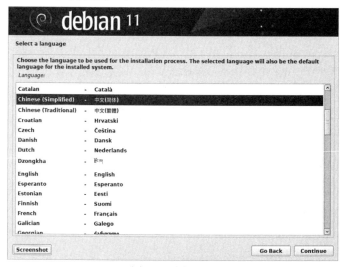

图 2.2　选择语言

小知识：

每个图形安装界面下方都有 3 个按钮：屏幕截图(Screenshot)、返回(Go Back)和继续(Continue)，分别表示拍下当前屏幕快照(安装完成后可以在目录/var/log/找到屏幕截图)、返回前一个界面和继续下一个安装设定。

3. 选择区域

在"选择区域"窗口中选择用户所在区域，该选择与时区等因素有关。这里我们选择"中国"，然后单击【Continue】按钮进入下一步。

4. 配置键盘

不同国家键盘的排列可能会有少许差别，对中国用户来说，选择"美式英语"即可(如图 2.3 所示)。

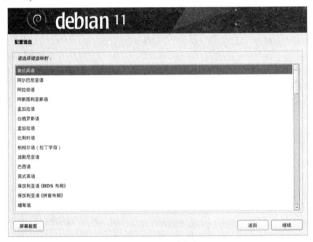

图 2.3　配置键盘

5. 配置网络

安装程序找到计算机的网卡后，将尝试使用网络中的 DHCP 服务器自动设定网络。如果没有搜索到 DHCP 服务器，则会提示自动设定失败，安装程序会要求选择网络配置方式(如图 2.4 所示)。

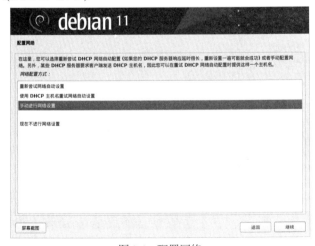

图 2.4　配置网络

如果只是在搜索 DHCP 时未接好网线，那么可以选择"重新尝试网络自动设置"；如果网络中的 DHCP 服务器需要主机名称才可以分配，那么可以选择"使用 DHCP 主机名重试网络自动设置"；如果没有 DHCP 服务器，那么可以选择"手动进行网络设置"，使用固定的 IP 地址设定网络。选择"手动进行网络设置"时，需要手动输入 IP 地址、子网掩码、默认网关和 DNS 服务器地址等。如果暂时不知道这些网络参数，也可选择"现在不进行网络设置"。

6. 设置主机名称

网络设置成功后，安装程序会要求输入计算机的名称。

注意：

主机名通常由英文字母或数字开头，包含英文字母、数字及减号(-)，不能有空格或点号(.)。

7. 设置域名

安装程序要求输入主机的域名。域名附加在主机名之后，通常以 .com、.net、.edu、.org 结尾。如果是内部网络，可以随意输入域名。

8. 设置系统管理员密码

root 用户是 Linux 的系统管理员账户，是整个系统中权限最高的账户，因此 root 用户的密码非常重要，应按照强密码的原则设置密码(如图 2.5 所示)。

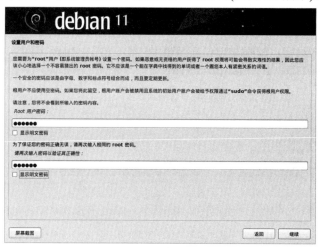

图 2.5　设置 root 账户密码

小知识：

强密码是指不容易猜到或破解的密码。强密码具有如下特征：长度至少有 8 个字符；不包含全部或部分用户账户名；至少包含大写字母、小写字母、数字以及键盘上的符号；字典中查不到；定期更改。

注意：

root 账户密码不能为空。若在此不设密码，系统将禁用 root 账户，同时下一步设置的初始用户账户会被给予权限通过 sudo 命令并获得 root 账户的权限。

9. 设置普通账户名和密码

由于 root 账户的权限最高，为避免无意中损害系统，管理员一般会用普通账户处理日常工作，仅在需要 root 权限时才进入 root 账户。因此，在此 Debian 会要求输入新账户的登录名及密码，设置好以后单击【继续】按钮进入下一步。

10. 磁盘分区

接下来，安装程序将自动进行时钟设置并探测磁盘，同时显示当前计算机的磁盘分布情况并要求进行磁盘分区(如图 2.6 所示)。磁盘分区如果操作不当，可能会破坏磁盘上的全部数据，因此这一操作必须谨慎进行。安装程序提供了以下几种方案。

- 向导-使用整个磁盘：这种方案会删除磁盘上的所有分区，再重新分割磁盘。如果磁盘上有其他操作系统，请不要选择此项。
- 向导-使用整个磁盘并配置 LVM：这种方案会删除磁盘上的所有分区，然后使用 LVM(Logical Volume Manager，逻辑卷管理器)重新分割磁盘。如果磁盘上有其他操作系统，请不要选择此项。
- 向导-使用整个磁盘并配置加密的 LVM：这种方案会删除磁盘上的所有分区，然后使用加密 LVM 重新分割磁盘。如果磁盘上有其他操作系统，请不要选择此项。
- 手动：这种方案要求用户手动进行磁盘分割。

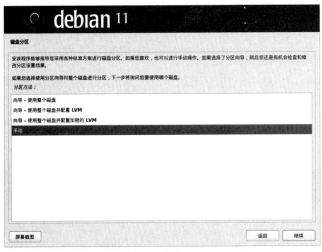

图 2.6　磁盘分区

需要注意的是，对于前 3 种分区方案，安装程序会自动给出多种分割方案供用户选择，比较适合初学者。但如果需要安装双系统，或者想根据自己的意愿分割磁盘，就必须选择手动分区。

这里选择"手动"分区，单击【继续】按钮进入下一步。选择需要分区的硬盘，创建分区并输入分区大小，设置分区所用的文件系统格式(如图2.7所示)和挂载点(如图 2.8 所示)，完成分区的设置。

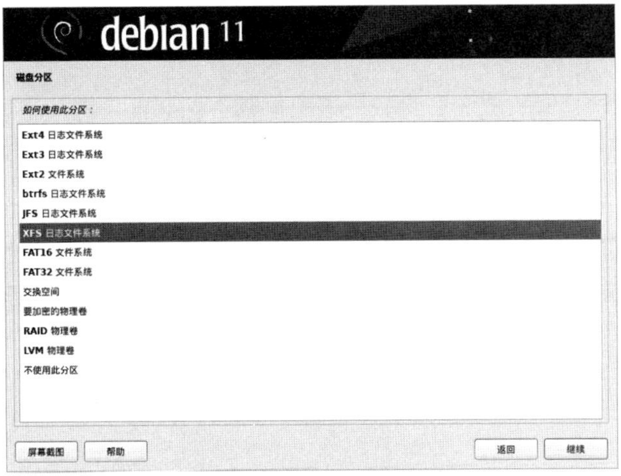

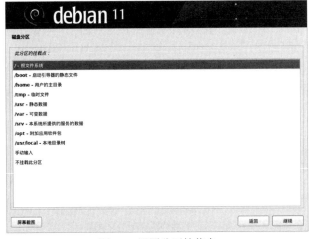

图 2.7　选择文件系统格式

图 2.8　设置分区挂载点

小知识：

Linux 支持多种文件系统格式，除 Ext2、Ext3 等文件系统外，还支持 FAT16、FAT32、JFS、NFS、iso9660、hpfs 等，这使得 Linux 更加灵活且可与其他多种操作系统共存。

Debian 11 安装时默认为 Ext4 日志文件系统，目前 64 位的 XFS 文件系统以其比 Ext4 更好的扩展性和可伸缩性而得到使用，但要注意，有些架构不支持 XFS。

在 Linux 系统中，至少要有两个分区：一个为"/"分区(根分区)，另一个为 swap 分区(交换分区)。也就是说，硬盘在分区的时候至少要划分两个分区分别分配给"/"分区和 swap 分区。为管理方便，也会把 Linux 系统中的几个主要目录单独分区。例如，根据需要，可将/home 或/var 等目录单独分区。

11. 安装基本系统

分区格式化后，安装程序会安装系统中最基本的文件处理和用户管理工具及 Debian 的软件包管理工具等，之后的系统安装配置过程都会利用这些已经安装好的工具进行。

12. 配置软件包管理器

接下来，安装程序会询问是否扫描其他 CD 或 DVD 供软件包管理器使用。如果没有，单击"否"；如果单击"是"，将会要求插入 CD 或 DVD 光盘。

之后安装程序会询问是否使用网络镜像，以提供最新版本的软件。可根据实际情况选择。这里选择"否"。有关网络镜像之后可在软件包管理中设置。

13. 软件包流行度调查

接下来，安装系统会询问是否参加软件包流行度统计调查。如果参加这个调查，系统会定期将本机安装软件的清单和使用频率以不记名的方式传送给 Debian 进行统计调查，默认为"否"。

14. 软件组合选择

接下来，选择要安装的软件组合(如图 2.9 所示)。用户可以根据服务器的主要用途选择安装相应软件，默认选择安装 Debian 桌面环境和标准系统工具。如果还不确定将来服务器的用途，也可以暂时只安装这两项，需要时再安装其余软件。

图 2.9　软件选择

这里选择默认选项，单击【继续】按钮进入下一步。接下来安装程序开始下载并安装软件。下载安装过程可能会持续几分钟到几小时，这取决于用户安装的软件包的数量和网络带宽的情况。

15. 安装引导加载程序

在安装的最后，要求安装引导加载程序。Debian 默认安装的是 GRUB 引导程序，也可根据自己的习惯安装 LILO 等其他引导程序。系统默认将引导程序安装到主驱动器(通常是硬盘)的引导记录上，如图 2.10 所示。如果计算机中已安装其他操作系统或有其他考虑，可将引导程序安装在其他位置并选择"否"。

图 2.10　安装引导加载程序

16. 完成系统安装

系统提示安装完成，同时要求从光驱中取走安装光盘并单击【继续】按钮重新启动计算机。

重启后将出现登录界面(如图 2.11 所示)。选择或输入登录用户名并输入密码，成功登录后就可以开始使用 Debian 系统。

图 2.11　登录界面

2.2.2 硬盘分区

1. 硬盘分区标识

目前计算机操作系统安装在硬盘中，Linux 中的硬盘命名为 hd(SCSI 硬盘命名为 sd)。如果有多块硬盘，则在硬盘名称后面加上 a、b、c、d 作为区分表示，如 hda、hdc 分别表示计算机中的第 1 块和第 3 块硬盘。

为方便管理，通常将硬盘划分为若干个分区。对于硬盘分区，Linux 在硬盘名称后用数字加以区分。其中，1~4 表示主分区，5 以后为逻辑分区，如 hda1、hdc6 等。

小知识：

在 GRUB(一种支持多重引导的通用计算机引导程序)中，对硬盘分区常用(hdx,y)形式表示。其中 x 和 y 是数字，从 0 开始。例如，第 1 块硬盘的第 3 个分区表示为 (hd0,2)。

2. 分区与挂载点

在 Linux 中，"分区"是指一个个的设备，放在/dev 目录下，如/dev/hda1、/dev/sdb3 等。

"挂载点"是 Linux 中文件系统的入口目录,磁盘分区需要挂载到某个目录下面。例如，"/home 分区"实际是指挂载在/home 目录上的分区，而这里的"/home"就是挂载点。

3. Linux 如何分区

前面提到，使用 Linux 系统时，至少要有两个分区：一个是根分区，用"/"表示；另一个是 swap(交换)分区。

- swap 分区：用作虚拟内存。一般 swap 分区的大小应不小于物理内存，但最大不超过物理内存的两倍。
- 根分区(/)：通常最简单的分区方法为先创建交换分区，然后将剩余的磁盘空间全部分配给根分区。

一般情况下只需要创建上述两个分区即可，但也可根据实际需要，将其他目录单独创建在某个分区上。

- /boot：这个目录下的文件比较重要，包含了操作系统的内核和在启动系统过程中需要用到的文件。因此，最好为/boot 单独创建分区，这样即便其他分区损坏了，系统也依然能够启动，从而提高系统的稳定性。这个分区的大小范围约为 60~120MB。
- /home：如果用户数较多，或者用户需要在服务器上存放大量文件，可将该目录单独分区并给予足够大的空间。
- /var：如果服务器作为 Web 服务器、数据库数据器或日志服务器使用，可将该目录单独分区并分配较大空间。Web 网页文件、数据库文件和系统日志常放在/var 目录下。

- /tmp：该目录存放系统运行的临时文件并在计算机重启时清空目录。但由于服务器并不经常重启，因此也可将此目录单独分区。

4. 分区示例

针对本任务的要求，服务器作为数据库服务器，硬盘大小为 1 000GB，内存为4GB，对该服务器可采用表 2.1 所示的分区方案。

表 2.1 数据库服务器分区方案

文件系统	挂载点	大小	分区格式
sda1	/boot	128MB	ext4
sda2	/	10GB	ext4
sda5	/home	120GB	ext4
sda6	/var	860GB	ext4
sda7	/tmp	5GB	ext4
sda8	无	4GB	swap

2.3 启动系统并设置启动菜单

2.3.1 Linux 启动过程

Linux 系统刚启动时，操作系统提供的正常功能还不能使用，必须通过引导程序加载并启动操作系统。

Linux 的引导过程通常包括以下几个阶段。

(1) 加载并初始化内核

主机启动并进行硬件自检后，读取硬盘启动分区中的引导程序。引导程序负责引导硬盘中的操作系统，将 Linux 内核程序加载至内存。

(2) 检测和配置设备

内核首先检查计算机的硬件环境，检测设备的驱动程序，对没有检测到设备的驱动程序或者没有响应探测的驱动程序予以禁用。

(3) 创建系统进程

加载系统的第一个用户进程(init 进程)以及一些自发进程。init 进程将根据配置文件执行相应的启动程序并进入指定的系统运行级别。

(4) 执行系统启动脚本

Linux 的启动脚本实质上是普通的 shell 脚本，由 init 进程选择运行。

(5) 多用户操作

初始化脚本完成后，系统就处于可以使用的状态。

2.3.2　引导加载程序

引导加载程序是负责查找操作系统内核并将内核加载到内存使之运行的一种小程序。

目前，在 Linux 或其他类 UNIX 的操作系统中，LILO 和 GRUB 是主流的引导管理器。它们在计算机启动后首先运行，负责加载操作系统的内核。一旦内核被加载成功，系统的初始化及启动过程就完全由内核完成。

2.3.3　GRUB

GRUB 是 GRand Unified Bootloader 的缩写，是一种多重操作系统启动管理器，可以被使用在任何 Linux 系统中，是目前 Linux 使用最广泛的引导程序。相较于早期的 Linux 引导加载程序 LILO，GRUB 拥有交互式命令界面，支持网络引导，另外配置文件存储在文件系统中，可以方便修改等 LILO 没有的特点。

1. 安装 GRUB

如果是全新安装的 Linux 系统，那么将自动安装 GRUB。如果已经安装了某个 Linux 发行版且想使用 GRUB 作为引导加载程序，可以从 GRUB 官网下载 GRUB 安装包并进行编译安装。

2. 设置启动菜单

Debian 在启动时会出现 GRUB 启动菜单，如图 2.12 所示。

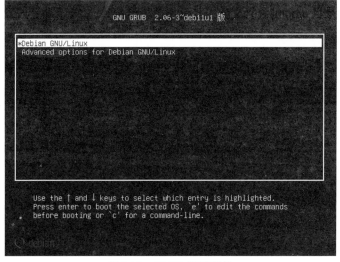

图 2.12　GRUB 启动菜单

用户可通过上下方向键从启动菜单中选择 GRUB 配置文件中预设的启动菜单项，从而实现硬盘中多个操作系统的切换引导。此外，还可以在启动系统前通过 e

键进入菜单项编辑界面,通过 c 键进入 GRUB 命令行界面,方便用户进行启动参数的设置。

如前所述,GRUB 的配置都是通过配置文件完成的。Debian 11.5 采用的是 GRUB2,配置文件是/boot/grub/grub.cfg。该配置文件供 GRUB 产生引导选择菜单及配置部分启动选项。用户可修改该配置文件以改变引导菜单。

2.3.4 init 进程与运行级别

1. init 进程

通过 GRUB 引导加载系统内核后,内核启动的第 1 个用户级进程为 init 进程,因此 init 进程总是系统的第 1 个进程(进程号为 1)。可以说,所有用户进程都是直接或间接地以 init 进程为父进程。

init 进程的一个重要任务是负责执行系统的启动脚本。在引导时,init 进程将按照/etc/inittab 文件中设置的参数启动系统。

2. 运行级别

运行级别指 Linux 操作系统当前正在运行的功能级别。这个级别从 0 到 6,具有如下不同功能。

- 0 为关闭系统。
- 1 为单用户模式。
- 2~5 为多用户模式。如果需要,可进行定制。
- 6 为重新启动。

级别 0 和 6 的任务为关机和重新引导系统,因此也可以通过在 Linux 提示符下输入以下两个命令进入这两个运行级别,实现关机和重启操作。

```
[root@server ~]# init 0      //关闭系统
[root@server ~]# init 6      //重启系统
```

运行级别 1 为单用户模式。在单用户模式下,除 root shell 外,没有其他程序运行。除了 root 文件系统以只读方式安装外,不安装其他文件系统。该运行级别通常在恢复系统时使用,又称恢复模式。

 **任务实施**

安装 Linux 系统

(1) 下载最新的 Debian 安装镜像文件并刻录成光盘。

(2) 安装 Debian Linux 系统。

(3) 按表 2.1 对服务器硬盘进行分区。

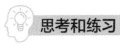 **思考和练习**

一、选择题

1. Linux 默认的管理员账户是(　　)。
   A. admin　　　　　B. administrator
   C. root　　　　　D. super

2. 在 Linux 的安装过程中，磁盘分区选项不包括(　　)。
   A. 自动分区　　　　　　　　B. 手动分区
   C. 使用已存在的 Windows 分区　　D. 使用已存在的 Linux 分区

3. Linux 安装程序提供了两个引导加载程序，分别是(　　)。
   A. GROUP 和 LLTO　　　　　B. DIR 和 COID
   C. GRUB 和 LILO　　　　　D. NTLOADER 和 yaboot

4. 下面关于 GRUB 的描述，正确的是(　　)。
   A. GRUB 不能引导 Windows 操作系统
   B. GRUB 可以引导 Windows 操作系统
   C. GRUB 的配置文件写在每个用户的 home 目录中
   D. GRUB 的系统选择菜单中最多只能有两个操作系统选项

5. 目前最新版本的 Linux 可以支持下列哪种 CPU？(　　)
   A. 32 位的 Intel/AMD CPU　　B. 64 位的 AMD CPU
   C. 龙芯 CPU　　　　　　　D. 都支持

6. hda2 表示(　　)。
   A. 第 2 块 IDE 硬盘　　　　B. 硬盘上的第 2 个主分区
   C. 第 2 块 SCSI 硬盘　　　　D. 硬盘上的第 2 个逻辑分区

7. Debian 的运行级别有几个？(　　)
   A. 3　　　　　B. 4　　　　　C. 5　　　　　D. 7

8. Linux 交换分区的文件类型是(　　)。
   A. ext2　　　　B. ext3　　　　C. swap　　　　D. ntfs

9. 在 Linux 下，init 1 这条命令的含义是(　　)。
   A. 重新启动　　　　　　　B. 关机
   C. 切换到单用户模式　　　　D. 切换到多用户模式

10. GRUB 的配置文件存放在(　　)。
    A. MBR　　　　　　　　B. /boot/grub 目录
    C. /grub 目录　　　　　　D. 用户的 home 目录

二、简答题

1. 什么是引导管理器？

2. 什么是运行级别？运行级别一共有多少种，它们分别代表什么？

实验 2

【实验目的】

1. 了解 Linux 操作系统的发行版本。

2. 掌握 Debian 11.5 的安装方法。

3. 熟悉虚拟机的使用。

【实验准备】

1. VMware Workstation。

2. Debian 11.5 镜像光盘。

【实验步骤】

(1) 新建虚拟机。从物理计算机操作系统中启动 VMware 软件，利用新建虚拟机向导新建虚拟机，要求如下。

- 设置虚拟机操作系统为 Debian，命名虚拟机为 debian 并保存在 D 盘的 debian 文件夹中。

- 设置处理器数目为 1 个，设置内存大小为 2GB。

注意：

设置内存取决于实验所用的物理计算机的具体硬件情况，一般最大不超过物理内存的 1/2。

- 网络连接方式设置为"使用桥接网络"，并在后面的步骤中新建一块虚拟硬盘。

注意：

虚拟硬盘最终还是会占用物理硬盘的空间，在实验开始安装之前需要确保物理硬盘有足够的空间。

- 设置虚拟机的光驱为使用 ISO 镜像并指向实验素材——Debian 11.5 镜像光盘。

- 删除部分不常用的硬件，如软盘驱动器。

(2) 安装系统。在新建的虚拟机中安装 Debian Linux 操作系统，要求如下。

- 主机名设置为"Debian+自己的学号后 2 位"。

- 普通用户的用户名为自己姓名的拼音。

- 将硬盘分为 3 个分区，分别为/boot 分区、/分区和 swap 分区，并自行规划 3 个分区的大小。

- 根据向导完成剩余的安装步骤。注意引导程序的安装位置。

(3) 完成安装并登录。

- 以普通用户身份登录 Linux 系统，在终端用 man 命令查阅 ls 命令的用法。
- 用 ls 命令查看根目录下有哪些目录。

【实验总结】

1. 记录安装时 Linux 系统的计算机名、各个用户名、密码以及分区方案。
2. 记录 Linux 系统根目录下的目录结构。

Linux操作系统基本管理

任务 3 设置用户目录

 **任务引入**

某企业有一台 Linux 文件服务器,现要为用户创建账户并将账户分配给各部门所在的组,设置各部门和用户的使用目录,要求如下。

- 设计部:经理(jack)、员工(tom)、员工(lily)。
- 市场部:经理(bill)、员工(rose)。
- 设置公用目录,除各部门经理外,其他员工只可读其中内容。
- 为各部门设置一个公共目录,只允许该部门员工可见/可读/可写。
- 各部门公共目录中的内容只允许部门经理可写。
- 每位员工都有自己的私有目录,仅自己可操作。

 任务实施流程

(1) 创建用户目录。
(2) 设置目录权限。
(3) 设置用户和用户组。

3.1 Linux 文件系统

计算机中的数据以文件的形式存储在磁盘上,为有效地管理磁盘上的文件,每种操作系统都有自己特殊的文件系统。

文件系统有两种含义:其一为基于磁盘或网络的数据存储结构;其二为磁盘上

的文件和目录的树形层次结构。在第一种含义中，文件系统对用户是不可见的，是一种底层的数据存储结构；在第二种含义中，文件系统是一种逻辑结构，用户可以通过文件管理器查看。为避免混淆，在以下章节中，将第一种含义称为文件系统格式，将第二种称为文件系统。

3.1.1 Linux 文件系统格式

Linux 操作系统的强大之处在于支持广泛的文件系统格式，虚拟文件系统(VFS)使得 Linux 支持多个文件系统格式，使得它更灵活并可以和许多其他操作系统共存。Linux 常见的文件系统格式包括如下。

- Minix：Linux 的第一种文件系统格式，现基本限制在软盘上使用。
- ext：借鉴很多 UNIX 文件系统，专为 Linux 设计，后被 ext2 取代。
- ext2：ext 的扩展，是 2001 年之前 Linux 的标准文件系统格式。
- ISO9660：仅用于 CD-ROM。
- ext4：一种日志文件系统格式，具有更好的性能和可靠性，可兼容 ext2 和 ext3，是 Debian 安装时的默认文件系统。
- XFS：SGI 公司设计的日志文件系统，后被移植到 Linux 上。它是一个全 64 位、快速、稳固的日志文件系统，因其比 ext4 更优的性能而成为目前 Linux 的主流。
- JFS：IBM 公司设计的一种字节级日志文件系统，后被移植到 Linux 上。
- NFS：在网络上，用于在类 UNIX 主机之间共享文件。
- SMB/CIFS：在网络上，用于在 Windows 主机之间共享文件。

此外，Linux 还支持其他操作系统常用的文件系统格式，这对于在不同操作系统之间交换识别可移动存储，以及在多重启动环境中对多文件系统进行支持非常重要，如微软的文件系统格式(FAT、HPFS、NTFS)、苹果的文件系统格式(HFS、MFS、FFS 等)及其他操作系统的文件系统格式(如 BeOS 的 BeFS 等)。

3.1.2 Linux 文件系统结构

Linux 与 Windows 一样都采用目录组织文件，但不同之处是：Windows 使用盘符(如 C:或 D:)来标识不同的磁盘分区且每个分区都有根目录；而 Linux 将所有的文件系统统一在唯一的根目录(/)下，形成树形结构，采用树形目录结构来组织和管理系统的所有文件。根目录是所有目录的起始点，在根目录下包含多个下级子目录或文件，子目录中又可包含更下级的子目录或文件，这样一层一层地延伸下去，构成一棵倒置的"树"(如图 3.1 所示)。树中的"根"和"杈"代表目录或文件夹，而"叶子"表示一个个文件。

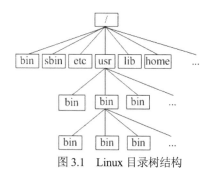

图 3.1　Linux 目录树结构

当安装好 Linux 系统后，Linux 系统将在根目录下创建若干目录。不同的 Linux 发行版会略有不同，但一般都包含如下目录。

- /root：root 用户的主目录。注意，"/"和"/root"在英文中都读 root 目录，但这里是两种截然不同的含义："/"表示的是整个系统的根目录，"/root"表示的是 root 用户的主目录。
- /home：普通用户主目录的默认位置。
- /bin：存放最常用的二进制命令文件。
- /sbin：存放系统专用的二进制命令文件。
- /boot：包含内核以及引导系统使用的文件。
- /etc：存放系统的配置文件。
- /dev：存放设备文件，Linux 把设备作为文件进行操作。
- /mnt：文件系统的挂载点。
- /opt：存放可选择安装的文件和程序。
- /lib：存放系统的库文件。
- /usr：存放用户使用的应用程序、文档等。
- /var：存放日志等经常变动的文件。
- /tmp：用户和程序的临时文件，系统重启时，该目录会自动清空。
- /proc：对应虚拟的文件系统，存放正在运行的进程以及内核信息。
- /lost+found：在系统修复过程中恢复的文件。
- /media：系统软驱、光驱的自动挂载点。

3.1.3　Linux 文件

1. 文件名

计算机文件是一组信息的集合，是计算机上存储信息的基本单位。在文件中可以存放文字、图片、声音、视频等各种信息。Linux 下有很多不同类型的文件，每个文件的文件名长度最多为 255 字符，可以包含字母、数字、点号、下画线、减号

等，但不能包含在 Linux 系统中有特殊含义的字符，如#、&、>、|、、?、!、$、*、\、;、<、[、]、{、}、(、)、^、@、%、/等。以英文圆点开头的文件是隐藏文件(如.config)。和 Windows 系统不同，Linux 系统严格区分大小写，在使用时要特别注意。

2. 文件类型

Linux 中常见的文件类型及代表字符如下。

- 普通文件　　　-
- 目录文件　　　d
- 链接文件　　　l
- 块设备文件　　b
- 字符设备文件　c
- 管道文件　　　p
- 套接字　　　　s

可以看出，在 Linux 系统中，目录和设备也被看作文件。"一切皆文件"是 Linux 的基本思想之一，依据该思想，无论是普通文件、目录，还是设备、套接字等，都可采用同一套操作。

在 Linux 中，文件的类型可通过 ls 命令查看，例如

```
[root@server ~]#ls -l /etc/passwd
-rw-r--r--1 root root 1244 04-21 19:35 /etc/passwd
```

这行信息的第一位 "-" 表示这个文件的类型为普通文件。

3. 文件通配符

在对文件进行操作时，可使用通配符来方便操作。通配符的作用是代替一个或多个字符。

常用的通配符如下。

- ?：代表一个任意字符。
- *：代表多个任意字符。
- […]：表示匹配方括号中的任意一个字符。
- [a-x]：表示匹配方括号中两个字符之间的任意一个字符。
- [!…]：表示匹配不在括号中的任意一个字符。

例如，a?.txt 可代替 ab.txt、a1.txt、ay.txt、aA.txt 等文件，但不能代替 ba.txt、aaa.txt、a1.c 等文件。

4. 文件存取

Linux 自身的文件系统采用索引式方法存取文件。文件在文件系统中分两部分存放：inode 区和 block 区。其中，inode(索引节点)用来定义文件系统的结构及描述系统中每个文件的管理信息，而 block 区用来存放文件的具体内容。

inode 是操作系统的一种数据结构，包含了文件和目录的一些重要信息，如文件的种类、属主和属组、文件大小、文件的链接数目、文件最近一次修改和访问的时间等各种属性。可以说，inode 中包含了文件的所有信息(除文件的实际名称及实际数据内容)。

每个文件在创建时，系统都会为之分配唯一的 inode 编号。当访问文件时，首先，在相应目录中通过文件名找到文件的 inode 编号；然后，根据此标识在 inode 表中找到文件的相应条目，包含文件的各种属性，以及指向 block 区所存放文件具体数据的指针；最后，如果用户具有相应的操作权限，则通过数据块指针找到实际数据，对文件进行存取(如图 3.2 所示)。

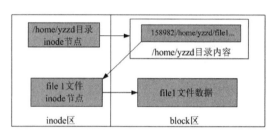

图 3.2　inode

3.1.4　Linux 目录

1. 目录文件

在 Linux 操作系统中，目录也是一种文件，被称为目录文件。与普通文件不同的是，目录文件的结构非常简单，就是一系列目录项的列表。每个目录项由两部分组成：所包含文件的文件名以及与文件名对应的 inode 编号。

Linux 中的根目录是所有目录的起点，根目录下是在安装时系统创建的目录。用户可在根目录或其子目录下自己创建目录，但应尽量保持根目录的清洁整齐，按照目录和文件的用途放在指定的目录下以方便查找和管理。

2. 特殊目录

家目录：系统在创建每个用户时，会为每个用户都设置主目录，也称为家目录。通常，在/home 目录下以用户的用户名来命名。用户的主目录也可以用符号"~"来替代。

工作目录：用户登录到 Linux 系统后，每时每刻都处在某个目录之中，这个目录被称为"工作目录"或"当前目录"。可以用 cd 命令来改变工作目录。

3. 目录的特殊符号表示

.表示目录自身。

..表示目录的上级(父)目录。

3.2 Linux 命令格式

3.2.1 图形化管理方式

若 Linux 系统安装有图形桌面，则可在桌面上通过鼠标操作，方便地完成 Linux 的各种管理命令。

例如，要在/home/abc 目录中创建 test 子目录(假设当前用户有操作权限)，可在桌面上依次单击菜单【活动】→【文件】打开文件窗口，然后单击【其他位置】→【计算机】→【home】→【abc】，打开/home/abc 目录窗口(如图 3.3 所示)。右击窗口空白处单击鼠标右键，在出现的弹出式菜单中选择【新建文件夹】(如图 3.4 所示)。在目录窗口中创建新的文件夹,输入新目录的名称test 就可完成任务(如图 3.5 所示)。

图 3.3　目录窗口

图 3.4　【新建文件夹】快捷菜单

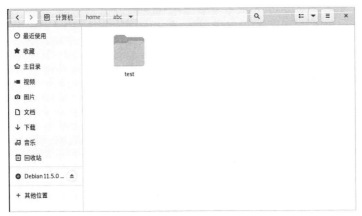

图 3.5 创建 test 子目录

3.2.2 命令行管理方式

图形化管理方式适合初学者对系统进行常规管理，而只有命令行管理方式才能完全涉及系统的各个方面，并且由于服务器常常不安装图形桌面，因此对于 Linux 系统，管理员必须熟悉命令行管理方式。

命令行管理方式是在 Linux 终端输入相应的 Linux 命令来完成管理。在 Linux 图形桌面系统中，可打开终端窗口，也可使用 Linux 的虚拟控制台来完成命令的输入。

1. 终端窗口

在图形界面下，单击桌面左上角的【活动】→【显示应用程序】→【工具】→【终端】(也可右击文件窗口的空白处，选择【在终端打开】)，即可打开终端窗口，可以看到如下命令提示符。

```
test@debian:~$
```

这里的 test 是当前用户的用户名，debian 是本机的机器名，"~"代表当前用户的主目录，"$"是普通用户的提示符。若用户身份为 root，则用户的提示符是"#"。

2. 虚拟控制台

Linux 是真正的多用户操作系统，可以同时接受多个用户的远程和本地登录，也允许用户在同一时间从不同的控制台多次登录。

Debian 默认提供了 6 个类 VT100 字符控制台，非图形环境下各控制台之间可以通过按 Alt+F1~F6 几个功能键切换，图形界面切换至各控制台可按 Ctrl+Alt+Fn 功能键进入虚拟控制台，Alt+F2 功能键回到图形界面。各控制台间也可通过使用 chvt 命令切换。在虚拟控制台登录时，需要输入合法账户和密码，登录成功后，工作目录便成为用户的主目录(如图 3.6 所示)。

图 3.6　从虚拟控制台登录

注意:

在控制台登录时输入的密码不回显,输完后直接按 Enter 键即可。

3.2.3　Linux 命令格式与路径

Linux 命令有很多,基本格式如下。

```
command  [options] [arguments]
```

- command:一般是命令单词或缩写。例如,cp 为 copy 的意思。
- options:一般为"--单词"或"-单字"。例如,命令 ls -a 中的 a 选项。
- arguments:参数,常为文件名等。

这里的文件名要包含文件的路径。在书写 Linux 命令时,正确写出路径很重要。

所谓路径,是指从树形目录结构中的某个目录到某个文件的一条道路。路径的主要构成是目录名称,中间用"/"分开。路径分为以下两种。

- 绝对路径:指从"根目录"开始的路径,也称为完全路径。
- 相对路径:指从用户工作目录开始的路径。

例如,假设用户的工作目录为/home/test,现在要访问文件 sun.txt,该文件位于/home/test/sun 子目录下。因此,在写命令时可采用绝对路径的写法/home/test/sun/sun.txt 给出该文件的全名,还可采用相对路径的写法 sun/sun.txt。

在写命令时,有时两种路径都可用,若要访问当前目录下的子目录或文件,则使用相对路径比较简便;而无论当前目录在什么位置,都可使用绝对路径来表示。

3.2.4　命令帮助

在写命令时,若对命令格式等有不清楚的地方,可通过以下命令寻求帮助。

1. help 选项

格式: command --help

作用: 显示命令的使用摘要和参数列表。

例如,#ls --help。

2. man 命令

格式 1：man [<chapter>] <command>

作用，查看命令描述或帮助手册。

例如，[zhang@debian zhang]$ man ls 的显示结果如图 3.7 所示。

该图所示为第一个满屏信息。使用上下方向键或 Enter 键上下翻阅手册，使用 n/N 键前后翻页，使用 q 键退出。当最后一行显示 "(END)" 时，表示已翻阅到最后一屏。

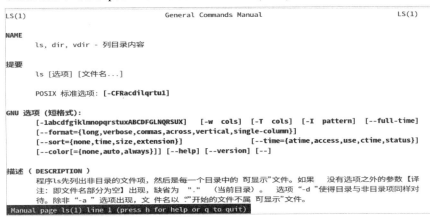

图 3.7　man 命令的显示结果

格式 2：man -k <keyword>

作用：列出包含关键字 keyword 的手册页。

3. info 命令

格式：info <command>

作用：查看指定命令的详细说明文件。

例如，info ls。

3.2.5　命令快捷方式

Linux 默认的操作环境(bash shell)支持多种快捷方式，如命令自动补齐、命令历史记录等，从而提高了 Linux 命令行的工作效率。

1. 命令补齐

命令补齐是指用户在输入命令时，只需要输入命令前面的几个字母，然后按 Tab 键，系统会自动将命令或文件/目录名剩下部分自动补全，为用户输入命令提供方便。

例如，要输入命令#cd /usr/src，可使用命令补齐功能，通过以下命令完成输入。

```
[root@debian ~]#cd /u<Tab>/sr<Tab>
```

在使用命令补齐时要注意，输入的前几个字母要足以让系统确定命令词或文件名是唯一的，否则系统会列出所有可能的选项让用户选择。例如，如果只输入 cd

/usr/s<Tab>，系统会将/usr 目录下所有以 s 开头的目录列出来供用户选择：/usr/sbin、/usr/share 和/usr/src。

2. 命令历史

Linux 系统会记录用户以往输入的命令，默认会记录最近 1 000 次的命令。命令历史的记录次数存放在 shell 环境变量 HISTSIZE 中，而命令的历史记录存放在每个用户主目录下的~/.bash_history 文件中。用户可通过上下方向键来选择调用以前的命令。

使用 history 命令可查看历史记录命令。例如，查看最近执行过的 20 条命令。

```
[test@debian ~]$ history 20
```

3. alias 命令

格式：alias [别名＝'标准命令']

作用：为标准命令设置别名。

alias 命令可以将一些较长的复杂命令设置成自定义的较短命令，以便用户记忆。例如，将命令 cd /home/hong 的别名设置为 ch。

```
[root@debian ~]# alias ch='cd /home/hong'
[root@debian ~]# ch
[root@debian /home/hong]#
```

从中可见，使用别名命令 ch 与使用命令 cd /home/hong 相同。

如果要删除已定义的别名，可使用 unalias 命令。例如，删除别名 ch。

```
[root@debian ~]#unalias ch
```

注意：

在命令行设置的别名仅在当前有效，系统重启后别名将失效。如果想使别名一直有效，应在用户主目录的.bashrc 文件中定义别名。

4. 在一行输入多条命令

一般情况下，在命令行都是输入一条命令，执行一条命令，等上面的命令执行完毕再输入下一条命令，但有时这样处理太麻烦。Linux shell 允许同时输入多条命令，然后依次执行。

要输入多条命令，只需要在命令之间加上"；"或"&&"符号即可。例如，在一行中输入 Linux 内核编译命令。

```
[root@debian ~]#make clear ; make ; make modules_install
```

或

```
[root@debian ~]#make clear && make && make modules_install
```

两种分隔符号的区别如下。

- "；"表示无论上一条命令执行是否正确，都按顺序执行下一条命令。
- "&&"表示只有当上一条命令正确执行时，才顺序执行下一条命令。

因此，在上述代码中，用分号连接的内核编译命令有可能在执行完后得到不正确的内核映像。

3.3　Linux 常用命令

3.3.1　目录操作命令

1. mkdir

格式： mkdir [选项] 目录

作用： 创建新目录。

选项： -p——当父目录不存在时，连同父目录一起建立。

例如，在/home/test 目录下创建 sun 子目录。

```
[root@debian whp]#mkdir /home/test/sun
[root@debian whp]#mkdir -p /home/test/sun
```

这两个命令的区别在于：如果/home/test 不存在，第一个命令将无法创建 sun 子目录；而第二个命令添加了-p 参数，可以连同父目录一起成功创建。

2. rmdir

格式： rmdir [选项] 目录

作用： 删除空目录。若目录不为空，则无法删除。

选项： -p——若父目录为空，则一并删除。

例如，删除 test 子目录。

```
[root@debian /home]#rmdir /temp/test
```

再如，删除/temp 下的 test 子目录。若删除 test 子目录后，/temp 目录为空，则将/temp 目录一并删除。

```
[root@debian /home]#rmdir -p /temp/test
```

3. cd

格式： cd [目录]

作用： 改变当前目录为命令中指定的目录。

例如

```
[zhang@debian whp]$cd /etc          //改变当前目录为/etc 目录
[zhang@debian whp]$cd etc           //进入当前目录下的 etc 目录
```

```
[zhang@debian whp]$cd ..              //返回上级目录
[zhang@debian whp]$cd                 //进入当前用户的主目录
```

4. pwd

作用：显示当前目录的绝对路径。

例如

```
[zhang@debian /home/test]$pwd
/home/test                            //显示当前目录是/home/test
```

3.3.2 文件操作命令

1. cp

格式：cp [选项] <源文件或目录> <目的文件或目录>

作用：复制文件或目录。

选项：-a——等同于-dpr。

-d——当复制符号链接时，将目标文件或目录也建立为符号链接，并且指向与源文件或目录链接的原始文件目录。

-f——强制复制文件或目录。

-i——以互动方式复制，出现相同文件名时询问。

-p——保留源文件或目录的属性。

-r——以递归模式复制，一并处理指定目录下的文件与子目录。

-u——以更新模式复制。

例如，复制/root下的文件(含子目录以及其中的文件)到/home目录。

```
[root@debian root]#cp -r /root /home
```

再如，将/root目录下的文件以更新方式复制到/home目录。

```
[root@debian root]#cp -u /root /home
```

2. rm

格式：rm [选项] <文件或目录名>

作用：删除文件或目录。

选项：-f——强制删除文件，不进行确认。

-i——互动模式，删除前再次确认。

-r——递归删除文件或目录。

例如，删除当前目录下所有扩展名为.c的文件，删除前需要逐一确认。

```
[root@debian test]# rm -i *.c
```

再如，将/test目录及子目录中所有文件删除，并且不需要逐一确认。

```
[root@debian test]# rm -rf /test
```

3. mv

格式： mv [选项] <源文件或目录> <目的文件或目录>

作用： 移动或更改文件、目录的名称。

选项： -i——互动模式。

　　　　-f——禁止交互。

例如，将当前目录下的 a.txt 文件移到上层目录。

```
[root@debian test]# mv a.txt ..
```

再如，将 a1.txt 重命名为 a3.txt。

```
[root@debian test]# mv a1.txt a3.txt
```

4. touch

格式： touch [选项] <文件名>

作用： 改变文件的时间记录。若文件不存在，系统会创建文件。

选项： -a——修改文件的读取时间。

　　　　-c——如果目的文件不存在，就不创建新文件。

　　　　-m——更改文件的修改时间。

　　　　-r——使用参考文件的时间记录。

例如，将当前目录下 file2 文件的时间记录改为与 file1 文件相同。

```
[root@debian test]# touch -r file1 file2
```

再如，在当前目录下创建名为 test.txt 的文件。

```
[root@debian test]# touch test.txt
```

5. cat

格式： cat [选项] <文件名>

作用： 显示整个文件的内容，适合查看短文件内容。

选项： -n——为输出结果加上行号。

例如，查看 /etc/passwd 文件的内容。

```
[root@debian test]# cat /etc/passwd
```

6. more 和 less

作用： 可分页显示文件内容，适合查看长文件内容。

区别： more 和 less 的功能十分相似，但 less 可允许使用者滚动浏览内容。

例如，查看 test.txt 文件的内容，可使用

```
[root@debian test]# more test.txt
```

或

```
[root@debian test]# less test.txt
```

7. ls

格式：ls [选项] <文件/目录名>

作用：显示目录中的内容。

选项：-a——显示目标目录中的所有文件、目录，包括隐含文件。

　　　　-l——以详细列表方式列出。

　　　　-h——以易读方式列出。

　　　　-i——列出 inode 值。

例如，以详细列表方式列出当前目录信息。

```
[zhang@debian zhang]$ ls -l
```

8. ln

格式：ln [选项] <源文件> <目标文件>

作用：为文件在另一位置建立同步链接。

选项：-s——建立软链接(symbolic link)。

例如，为 sun.txt 文件创建硬链接文件 sun.hard。

```
[root@debian test]# ls -li sun.txt
207 -rw-r--r-- 1 root root 29 04-22 21:02 sun.txt
[root@debian test]# ln sun.txt sun.hard
[root@debian test]# ls -li sun*
207 -rw-r--r-- 2 root root 29 04-22 21:02 sun.hard
207 -rw-r--r-- 2 root root 29 04-22 21:02 sun.txt
```

通过比较 sun.txt 和 sun.hard 的文件属性，可发现如下情况。

- sun.txt 文件的链接数增加 1(-rw-r--r--后面的数值)。
- sun.txt 和 sun.hard 具有相同的 inode 值 207。
- sun.txt 和 sun.hard 的文件属性完全一样。

由此可见，硬链接只是增加了目标文件的一个目录项，也就是为文件创建了别名，都指向同一个 inode 节点。每创建一个硬链接，文件的链接数就加 1。而删除互为硬链接关系的某个文件时，其他文件并不会受影响。

注意，在创建硬链接时，链接文件与被链接文件必须位于同一文件系统中，另外不能对目录文件创建硬链接。

例如，为 sun.txt 文件创建软链接文件 sun.soft。

```
[root@debian test]# ls -li sun.txt
207 -rw-r--r-- 2 root root 29 04-22 21:02 sun.txt
[root@debian test]# ln -s sun.txt sun.soft
[root@debian test]# ls -li sun*
203 lrwxrwxrwx 1 root root 15 04-22 21:03 sun.soft ->sun.txt
207 -rw-r--r-- 2 root root 29 04-22 21:02 sun.txt
```

比较两个文件的属性，会发现 sun.txt 文件和 sun.soft 文件有明显区别。

- 两个文件的 inode 值不同。
- 两个文件的类型不同，sun.txt 是普通文件，而 sun.soft 是链接文件。
- 两个文件的权限不同，sun.txt 是 rw-r--r--，而 sun.sof 是 rwxrwxrwx。
- sun.txt 文件的硬链接数不变，sun.soft 的硬链接数为 1。
- 两个文件的大小、时间等属性不同。

sun.soft 是软链接(也称符号链接)。软链接是新创建的很小的文件，文件内容仅包含所链接文件的绝对路径，不包含所链接文件的具体数据。当用户打开软链接文件时，根据其中的路径可找到实际的文件。因此，当源文件删除后，软链接文件将失去作用。

可以为文件及目录创建软链接文件。

3.3.3 重导和管道

Linux 的标准输入默认接收来自键盘的输入，标准输出默认输出到终端窗口。利用重导符号和管道符号可以对标准的 I/O 重定向。

1. 重导

作用：可将标准输出重定向到文件。

符号：> ——将结果输出到文件中且删除文件原有的内容。

   >> ——将结果附加到文件中，原有内容不会删除。

在命令中恰当利用重导符号可起到特殊的作用。例如，echo 命令的功能是在显示器上显示一段文字，而以下命令则是在 test.txt 文件中输入字符。若文件不存在，将创建该文件。

```
[root@debian test]# echo "This is a test" > test.txt
```

例如，以长格式查看当前目录并将结果输出到/test 目录下的 dir.txt 文件。

```
[root@debian test]# ls -l > /test/dir.txt
```

再如，将 data1.txt 文件的内容加到 data2.txt 文件的末尾。

```
[root@debian test]# cat data1.txt >> data2.txt
```

2. 管道

作用：可将某命令的结果作为下一个命令的输入。

格式：命令 1 | 命令 2

例如，利用管道和 less 命令，分页查看/etc 目录内容。

```
[root@debian test]# ls -l /etc | less
```

再如，搜索并显示 ls 命令结果中含有 conf 内容的文件。

```
[root@debian test]# ls | grep conf
```

3.4 Linux 文件权限

3.4.1 文件属性和权限

1. 文件属性

Linux 中的各种文件具有类型、大小、属主、属组、权限、时间等多种属性。使用 ls 命令可以查看文件的相关属性，例如

```
[root@debian test]# ls -li test
207 -rwxrw-r-- 1 zhang manage 29 04-22 21:02 test
```

在以上输出信息中，各个字段代表的意义如下。

- [207]：文件的 inode 值。
- [-rwxrw-r--]：文件的类型标识和权限。
- [1]：文件的硬链接数。
- [zhang]：文件的属主。
- [manage]：文件的属组。
- [29]：文件的大小。
- [04-22]：文件的最后访问或修改日期。
- [21:02]：文件的最后访问或修改时间。
- [test]：文件名。

2. 文件权限

在 Linux 系统中，每个文件或目录都有属主，并且针对用户自己、用户所在组、其他用户分别设定可读、可写、可执行 3 种权限。每种权限可以用以下符号表示。

- r：可读，表示可以查看文件或目录。
- w：可写，表示可以修改或删除文件。
- x：可执行，表示可以运行文件，对于目录表示可搜索。
- -：无权限。

上面示例中的 rwxrw-r-- 就是 test 文件的权限。权限共有 9 位，分 3 组，分别表示属主、属组和其他用户的权限。第 1 组是 rwx，表示文件的属主用户 zhange 对文件具有读、写、执行权限；第 2 组是 rw-，表示用户组 manage 的所有成员具有读和写权限，但没有执行权限；第 3 组是 r--，表示其他用户仅有只读权限。

3.4.2　文件权限操作的相关命令

1. chmod

格式： chmod [选项] <权限设定> <文件/目录名>

作用： 改变文件或目录的访问权限。

选项： -R——递归修改目录下所有文件或子目录的权限。

可以通过八进制语法或助记语法两种方式设定权限。

(1) 通过八进制语法修改

分别用数字 4、2、1、0 表示 4 种权限 r、w、x、-，每组权限可以用数字之和来表示，如 rwx 可以用 7 表示，--x 可以用 1 表示，以此类推。最后，将 3 组权限的数字组合起来表示新权限。

例如，将 sun.txt 文件的权限修改为 rwx--x---(即 710)。

```
[root@debian test]# chmod 710 sun.txt
```

再如，将 /home/test 目录及目录内的所有文件和子目录设置为 755 权限。

```
[root@debian test]# chmod -R 755 /home/test
```

(2) 通过助记语法修改

使用直观的字符来表示，字符定义如下。

- u：代表属主。
- g：代表属组。
- o：代表其他用户。
- a：代表属主、属组和其他用户。
- +：代表增加相关权限。
- -：代表减去相关权限。

例如，去除 sun.txt 文件属组及其他用户的执行权限。

```
[root@debian test]#chmod go-x sun.txt
```

2. chown

格式： chown [选项] <属主[:属组]> <文件/目录名>

作用： 改变文件的属主和用户组。

选项： -R——递归修改。

例如，将 program.c 文件的属主改为用户 zhang。

```
[root@debian test]#chown zhang program.c
```

再如，将/home/public 目录及其下级子目录和文件的属主和属组分别改为 zhang 和 manager。

```
[root@debian test]#chown -R zhang:manager /home/public
```

3. chgrp

格式：chgrp [选项] <属组> <文件/目录名>

作用：改变文件或目录的所属用户组。

选项：-R——递归修改。

例如，将当前目录下 sun.txt 文件的属组改为 yzzd。

```
[root@debian test]# chgrp yzzd sun.txt
```

4. umask

格式：umask [权限掩码]

作用：设置创建文件或目录时的默认权限。

权限掩码由 3 位八进制数字 nnn 组成。其中，nnn 取值为 000~777。当设定权限掩码后，新创建的文件和目录的默认权限计算方法如下。

- 文件权限=666-nnn
- 目录权限=777-nnn

由此可见，新创建的文件默认没有执行权限。要想具有执行权限，可使用 chmod 命令修改。

例如，设定权限掩码为 066。

```
[root@debian test]#umask 066
```

在上述命令执行后，建立的新文件和目录的默认权限如下。

- 文件：600(即 rw-------)。
- 目录：711(即 rwx--x--x)。

 任务实施

1. 创建用户目录

现在，根据任务需求完成用户目录的创建。在/home 目录下创建设计部目录 design、市场部目录 market 以及公共目录 public，同时在各部门的目录下再设置公共目录 public 和各员工目录，命令如下。

```
[root@debian ~]# cd /home
[root@debian /home]# mkdir design
[root@debian /home]# mkdir market
[root@debian /home]# mkdir public
[root@debian /home]# mkdir design/public
[root@debian /home]# mkdir market/public
[root@debian /home]# cd design
[root@debian /home/design]# mkdir jack tom lily
[root@debian /home/design]# cd ../market
[root@debian /home/market]# mkdir bill rose
```

2. 设置目录权限

(1) 设置公共目录/home/public 的权限。

```
[root@debian /home]# chgrp manager public
[root@debian /home]# chmod 775 public
```

(2) 设置/home/design 和/home/market 目录的权限。

```
[root@debian /home]# chgrp design design
[root@debian /home]# chmod 770 design
[root@debian /home]# chgrp market market
[root@debian /home]# chmod 770 market
```

(3) 设置/home/design/public 和/home/market/public 目录的权限。

```
[root@debian /home]# chown jack:design design/public
[root@debian /home]# chmod 750 design/public
[root@debian /home]# chown bill:market market/public
[root@debian /home]# chmod 750 market/public
```

(4) 设置各用户的私有目录权限，以用户 jack 为例。

```
[root@debian /home]# chown jack:jack design/jack
[root@debian /home]# chmod 700 design/jack
```

设置其他用户的操作类似，这里不再赘述。注意，这里的用户组 manager、design、market 及用户 jack 等需要预先创建。关于用户和组的创建在下一任务中讨论。

 思考和练习

一、选择题

1. 命令 cat file.1 > file.2 的结果是(　　)。

   A. file.2 将被 file.1 替换　　　　　　B. 将 file.1 的内容加到 file.2 文件结尾

   C. file.2 将更名为 file.1　　　　　　　D. 将 file.1 的内容加到 file.2 文件开头

2. 权限 741 为 rwxr----x，那么权限 652 为(　　)。

　　A. rwxr-x-w-　　　　B. r-xrwx-wx　　　C. r-xrwx-w-　　　D. rw-r-x-w-

3. ls -a 命令的作用是(　　)。

　　A. 显示所有配置文件　　　　　　B. 显示所有文件，包含以.开头的文件

　　C. 显示以.开头的文件　　　　　　D. 显示以 a 开头的文件

4. 关于链接的描述，下列错误的是(　　)。

　　A. 硬链接就是让链接文件的 i 节点号指向被链接文件的 i 节点

　　B. 硬链接和符号链接都是产生新的 i 节点

　　C. 链接分为硬链接和符号链接

　　D. 硬链接不能链接目录文件

5. 用 ls-al 命令列出下面的文件列表，(　　)文件是符号链接文件。

　　A. -rw-rw-rw- 2 hel-s users 56 Sep 09 11:05 hello

　　B. -rwxrwxrwx 2 hel-s users 56 Sep 09 11:05 goodbye

　　C. drwxr--r-- 1 hel users 1024 Sep 10 08:10 zhang

　　D. lrwxr-r-- 1 hel users 2024 Sep 12 08:12 cheng

6. Linux 文件名的长度不得超过(　　)字符。

　　A. 64　　　　　　　B. 128　　　　　　　C. 255　　　　　　　D. 512

7. 当 umask=027 时，此时创建的普通文件的初始权限为(　　)。

　　A. 750　　　　　　B. 640　　　　　　C. 027　　　　　　D. 635

8. 在 Linux 操作系统中，管道用(　　)表示。

　　A. @　　　　　　　B. &　　　　　　　C. |　　　　　　　D. ~

9. 从虚拟终端 tty6 切换到 tty4 需要使用(　　)组合键。

　　A. Alt+F4　　　　　B. Shift+F4　　　　C. Ctrl+F4　　　　D. Esc+F4

10. Linux 系统中存放设备文件的目录是(　　)。

　　A. /var　　　　　　B. /home　　　　　C. /dev　　　　　　D. /etc

二、简答题

1. 什么是 umask？举例说明如何正确设定 umask。

2. 什么是符号链接？什么是硬链接？符号链接与硬链接的区别是什么？

3. 解释 inode 在文件系统中的作用。

4. Linux 的文件类型有哪些？分别代表什么含义？

实验 3

【实验目的】

1. 熟悉 Linux 文件系统，了解 Linux 文件的树形结构。

2. 掌握 ls、cd、mkdir、touch 等命令的语法和用途，并且利用 Linux 命令创建如图 3.8 所示的目录和文件。

3. 了解 Linux 链接的概念。

4. 掌握文件权限的概念及修改。

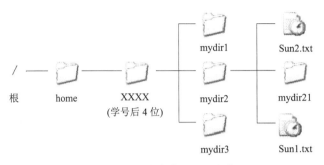

根　　　home　　　XXXX　　　mydir2　　　mydir21

（学号后 4 位）

mydir1　　　Sun2.txt

mydir3　　　Sun1.txt

图 3.8　要建立的目录和文件

【实验准备】

Debian Linux 操作系统。

【实验步骤】

(1) 在终端 4 利用 root 账户身份，使用 mkdir 命令(创建文件夹)及 touch 命令(创建文件)，在/home 目录下新建实验中要求的目录结构。

(2) 利用 echo 命令输出以下字符串并利用重导符号将输出重定向到 sun1.txt 文件。

```
"This is sun1.txt"
```

(3) 使用 cp 命令将 sun1.txt 复制到 sun2.txt。

(4) 将 sun2.txt 复制到 mydir1 目录。

(5) 将 mydir1 中的 sun2.txt 文件重命名为 sun.txt。

(6) 使用 more 命令显示 sun1.txt 中的内容。

(7) 使用命令 ls -li 命令查看 mydir1 文件夹中 sun.txt 文件的属性并记录。

(8) 使用命令 ln 为 sun.txt 文件创建硬链接，硬链接文件名为 sun01.txt。

(9) 使用命令 ln -s 为 sun.txt 文件创建软链接，软链接文件名为 sun02.txt。

(10) 使用 ls 命令同时查看 sun.txt、sun01.txt 和 sun02.txt 文件的属性并记录它们的八进制权限，分别标出各个文件的种类、属主、属组及相应权限。

(11) 分析文件和文件夹的权限特点，完成下列操作。

① 切换到终端 6 并用普通账户登录。

② 尝试删除 sun.txt 文件并写出命令执行结果。

③ 切换回终端 4，修改 sun.txt 文件的权限，使其他用户拥有可写权限。

④ 切换到终端 6，再次尝试删除文件 sun.txt 并记录结果。

⑤ 切换回终端 4，用 root 账户修改 sun.txt 文件所在目录 mydir1 的权限，使普通用户对该目录具有可写权限。

⑥ 在终端 6 尝试删除文件 sun.txt 并记录结果。

⑦ 在删除 sun.txt 文件后，使用命令 ls 查看 mydir1 目录的属性并记录。

【实验总结】

1. 列表写出在完成步骤(10)后 sun.txt、sun01.txt 和 sun02.txt 这 3 个文件的属性。分析硬链接和软链接有何区别。

2. 列表写出在步骤(11)不能删除 sun.txt 文件时和能删除 sun.txt 文件时，sun.txt 文件和 mydir1 目录的种类、属主、属组及相应权限，以及对应的八进制编码。分析删除文件所需要的权限。

任务 4 管理用户和用户组

任务引入

某企业有一台 Linux 文件服务器，现在要为用户创建账户并分配给各部门所在的组，要求如下。

- 设计部：经理(jack)、员工(tom)、员工(lily)。
- 市场部：经理(bill)、员工(rose)。

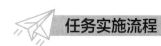
任务实施流程

(1) 创建用户。

(2) 创建用户组并将相应用户加入组中。

4.1 用户管理

用户管理是 Linux 系统管理的重要部分，也是系统安全的基础。任何需要使用系统资源的用户都必须具有账户。每个账户都有唯一的用户名和相应的口令，用户登录时需要键入正确的用户名和口令，才能够进入系统和自己的主目录。

在 Linux 系统中，所有文件、程序及运行的进程都从属于某个特定的用户，而每个文件都具有一定的访问权限，用于限制用户的访问行为。文件权限结合用户管理可以实现更为安全的系统访问，这一点在上一个任务中设置文件权限时已详细讲解过。在本次任务中，将延续上一个任务未完成的操作，即用户和用户组的配置。

首先介绍 Linux 下用户管理的相关知识。

4.1.1　Linux 用户分类

Linux 系统根据不同用户的角色、权限以及要完成任务的不同，将用户分为以下三类。

- root 用户：拥有最高权限的管理员账户，可登录系统并进行任何操作。
- 普通用户：由系统管理员设置的账户，可以登录系统，但只能操作自己的主目录，权限受到限制。
- 伪用户：不能登录系统，但却是系统运行不可少的用户，如 bin、daemon 和 nobody 等。

4.1.2　passwd 与 shadow 文件

在 Linux 用户管理中，用户的账户及属性以及用户密码等信息均记录在两个重要的文件中：passwd 文件和 shadow 文件。

1. passwd 文件

/etc/passwd 文件是用户账户的配置文件，用来记录系统中每个账户的相关信息。该文件只有 root 用户拥有可写权限，用户可以通过 cat、more 或 less 命令查看这个文件的内容。

```
[root@debian ~]#less /etc/passwd
root:x:0:0:root:/root:/bin/bash
daemon:x:1:1:daemon:/usr/sbin:/bin/sh
bin:x:2:2:bin:/bin:/bin/sh
…
zhang:x:1000:1000:zhang:/home/zhang:/bin/bash
test:x:1001:1001::/home/test:/bin/sh
```

在/etc/passwd 文件中，每一行代表一个账户的信息。每行被冒号 ":" 分成 7 个字段，格式如下。

[用户名]:[密码]:[UID]:[GID]:[身份描述]:[主目录]:[登录 shell]

每个字段的含义分别如下。

- [用户名]：passwd 文件中各行有唯一性要求的字段。也就是说，每一行的第一个字段的内容不能相同。
- [密码]：由于使用了 shadow 口令，因此在密码字段中只有字符 x。
- [UID]：用户 ID。在 Linux 系统内部使用 UID 来判别用户身份。每个用户都有唯一的 UID，其中 root 用户的 UID 是 0。
- [GID]：用户默认的组 ID。每个用户都会属于某个用户组。通过 GID，可以在文件/etc/group 中查到对应的组名。

- [身份描述]：用户的身份说明。默认无任何说明，可人工添加。
- [主目录]：用户的主目录。
- [登录 shell]：用户登录 Linux 系统后进入的 shell 环境。

注意：

小于 1 000 的 UID 和 GID 一般都由系统自己保留，不作为普通用户和组的标识，因此新增加的用户和组的 UID 和 GID 一般从 1 000 开始。

2. shadow 文件

/etc/shadow 文件是用户口令文件，用来记录用户密码等信息，又被称影子文件。该文件同样只有 root 用户拥有可写权限。该文件的内容如下所示。

```
root:$6$wN20Cu2kf$Nq2.6fte.eHsjVtvy3Lb0:15028:0:99999:7:::
daemon:*:15028:0:99999:7:::
bin:*:15028:0:99999:7:::
…
test:$1$802fs$Ysay5SH.nyuPjVeTy.Npfdsw2Rb:15102:0:99999:7:::
```

在/etc/shadow 文件中，同样以行为单位记录每个账户口令的信息。每行被冒号"："分成 9 个字段，格式如下。

[用户名]:[密码]:[最后一次修改的时间]:[最小时间间隔]:[最大时间间隔]:[警告时间]:[不活动时间]:[失效时间]:[保留字段]

每个字段的含义分别如下。

- [用户名]：与/etc/passwd 文件中相对应的用户名。
- [密码]：经 MD5 加密后的口令。若该字段为"*"，则表示该用户被禁止登录。
- [最后一次修改的时间]：标识从 1970 年 1 月 1 日起到用户最后一次修改口令的天数。
- [最小时间间隔]：两次修改口令之间的最小天数。如果为 0，就表示无此时间限制。
- [最大时间间隔]：口令保持有效的最多天数，即多少天后必须修改口令。如果为 99999，就表示没有限制。
- [警告时间]：如果为口令设置了时间限制，那么在密码有效期到期前提前多少天给用户发出警告。默认为 7 天。
- [不活动时间]：如果为口令设置了时间限制，那么在口令过期多少天后，该账户被禁用。
- [失效时间]：指示口令失效的绝对天数。
- [保留字段]：未使用。

4.1.3　shell

在/etc/passwd 文件中，账户记录的最后一个字段为用户的登录 shell。事实上，在用户登录 Linux 系统后，出现的用户界面就是 shell。shell 是用户与 Linux 内核进行交互操作的接口。简单地说，shell 作为命令解释器，解释用户在终端键入的命令并把它们送到内核中执行(如图 4.1 所示)。

shell 不仅是命令解释器，还有自己的编程语言。与其他编程语言一样，SHELL 语言具有循环结构和分支控制结构，因此用户可以编写由 shell 命令组成的脚本程序来完成 Linux 操作。

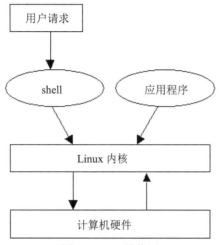

图 4.1　shell 的作用

Linux 的 shell 有多种不同的版本，常用的 shell 包括如下。

- sh(Bourne shell)：这是 UNIX 最初使用的 shell。sh 在 shell 编程方面很优秀，但在用户交互性上不如其他 shell。
- bash(Bourne Again shell)：这是 Linux 默认的 shell，是 sh 的扩展，与 sh 向后兼容，并且提供命令补齐、命令历史等多种特性。bash 不仅具有强大、灵活的编程接口，同时有友好的用户界面。
- ksh(Korn shell)：在 Bourne shell 的基础上结合了 C shell 的交互式特性，是对 Bourne shell 的发展，在大部分内容与 Bourne shell 兼容。
- csh(C shell)：C shell 于 20 世纪 80 年代早期由 Bill Joy 开发，之所以如此命名，是由于具有 C 语言的风格。csh 是 FreeBSD 的默认 shell。

Linux 系统中的每个用户都可拥有自己的 shell，用于满足用户的习惯和需要。shell 一般在创建用户时为用户指定并保存在/etc/passwd 文件中，也可通过 usermod 命令更改。

shell 还可为用户提供个性化的使用环境，如设定窗口特征、变量或定义搜索路径、提示符等。这些设定都位于 shell 的配置文件中，其中/etc/profile 文件是为系统内所有 bash 用户建立默认的特征，而其他配置文件中的大部分是在各用户的家目录中，为用户设定个性化的环境，如~/.profile 、 ~/.bash_profile 、 ~/.bash_login 、 ~/.bash_logout 等。由此可见，用户的家目录即使没有存放数据，也是非空目录。

4.1.4 用户管理相关命令

1. useradd 或 adduser

格式：useradd [选项] <用户名>

作用：创建新的用户账户。

选项：-d——指定用户主目录。若不存在，同时用-m 可创建主目录。

　　　　-g——指定用户所属组。

　　　　-s——指定用户登录的 shell。

　　　　-u——指定用户的 UID。

如果不使用选项，系统将按默认值创建新的用户。系统会将"/home/用户名"作为用户的主目录，但仅当指定-m 选项时才会在指定目录下真正创建用户主目录，同时会创建与用户名同名的用户组作为用户的主用户组，并且用户的 UID 和 GID 由系统自动分配。

例如，按系统默认值创建用户 student。

```
[root@debian ~]# useradd student
```

再如，创建 test 用户并建立主目录/usr/test，同时将 test 用户加到 grp1 组中。

```
[root@debian ~]# useradd -d /usr/test -m -g grp1 test
```

注意：

默认情况下，Debian Linux 的 useradd 命令不会在/home 下创建相应的家目录且默认 shell 为 sh，而 adduser 命令为交互方式，会在/home 下创建家目录，默认 shell 为 bash。

2. userdel

格式：userdel [选项] <用户名>

作用：删除用户账户。

选项：-r ——与用户主目录一起删除。若不使用该选项，则系统仅删除用户账户。

例如，删除 test 用户，同时删除用户的主目录。

```
[root@debian ~]# userdel -r test
```

注意：

如果在创建用户的同时创建了用户的私有用户组，并且私有用户组没有其他的用户，那么在删除用户时也将同时删除用户的私有用户组。对于正在使用系统的用户，不能将其删除，必须在终止该用户的所有进程后才能将其删除。

3. usermod

格式： usermod [选项] <用户名>

作用： 修改用户账户的相关属性。

选项： -d——指定用户主目录。

　　　　-g——指定用户所属组。

　　　　-s——指定用户登录的 shell。

　　　　-u——指定用户的 UID。

例如，将用户 test 的登录 shell 改为 tcsh。

```
[root@debian ~]# usermod -s /bin/tcsh test
```

再如，将用户 test 的主目录改为/home/design，将用户组改为 designer。

```
[root@debian ~]# usermod -d /home/design -g designer test
```

4. passwd

格式： passwd [选项] <用户名>

作用： 修改用户口令。

选项： -l——锁定用户，仅 root 用户有权使用此选项。

　　　　-u——将已锁定的用户解锁，仅 root 用户有权使用此选项。

　　　　-d——取消账户口令，使用户登录时无须输入口令。仅具有 root 权限的用户有权使用此选项。

例如，用户 zhang 修改自己的登录密码。

```
[zhang@debian public]$ passwd
(current)UNIX 密码:
New password:
Retype new password:
```

再如，重新设置用户 zhang 的密码。

```
[root@debian ~]# passwd zhang
```

将用户 zhang 锁定，使之不能登录。

```
[root@debian ~]# passwd -l zhang
```

注意：

使用 passwd 命令时，普通用户只能修改自己的口令。只有 root 用户或安全组的成员才可以修改其他用户的密码。

5. su

格式：su [-] [用户名]

作用：切换成其他用户身份。

选项：-——在切换到新用户的同时进入到新用户的操作环境，否则即使用户切换成功，操作环境也不变。

注意：

- root 用户切换成普通用户时无须输入用户密码。
- 普通用户切换成其他用户时需要输入用户密码。
- su 命令后若不加用户名，将切换为 root 用户，需要输入 root 账户密码。

例如，由 root 用户切换为 test 用户。

```
[root@debian ~]# su test
[test@debian ~]$
```

再如，由 test 用户切换为 root 用户。

```
[test@debian ~]$ su
password:
```

当正确输入 root 账户口令后，将切换为 root 身份。

6. id

格式：id [选项] <用户名>

作用：查看指定用户的 UID、GID 等相关信息。

选项：-g——显示用户所属用户组的 ID。

　　　-G——显示用户所属附加组的 ID。

　　　-n——显示用户所属用户组或附加组的名称。

例如，查看用户 root 和 zhang 的相关信息。

```
[root@debian ~]# id
uid=0(root) gid=0(root) groups=0(root)
[root@debian ~]# su zhang
[zhang@debian zhang]$ id
uid=1000(zhang) gid=1000(zhang) groups=1000(zhang),1002(grp2)
```

4.2　用户组管理

用户组就是具有相同特征的用户的集合。通常将多个用户定义到同一用户组中，通过修改文件或目录的权限，使用户组具有一定的操作权限，使得属于用户组的所有用户对文件或目录都具有相同的权限。

用户和组的对应关系有以下 4 种。

- 一对一：某个用户是某个组的唯一成员。
- 多对一：多个用户是某个唯一组的成员，不归属于其他组。
- 一对多：某个用户是多个组的成员。
- 多对多：多个用户对应多个用户组。

4.2.1　group 和 gshadow 文件

与账户管理类似，用户组也有两个重要的文件，用于记录系统中用户组的相关信息。

1. group 文件

/etc/group 是用户组的配置文件，用来记录系统中每个组的相关信息。该文件只有 root 用户拥有写的权限。通过 less 或 more 等命令可查看该文件的内容。

```
[root@debian ~]# less /etc/group
root:x:0:
daemon:x:1:
…
zhang:x:1000:zhang
test:x:1001:test
```

group 文件以行为单位。每行为一条记录，代表一个用户组。每一行被冒号“：”分成 4 个字段，格式如下。

[组名]:[密码]:[GID]:[组员列表]

每个字段的含义分别如下。

- [组名]：用户组的名称。
- [密码]：用户组的密码。因为密码保存在/etc/gshadow 文件中，所以这里用 x 表示。
- [GID]：用户组的 ID。root 组的 GID 为 0，1 000 以内的 GID 由系统保留。
- [组员列表]：列出属于用户组的用户名。

2. gshadow 文件

/etc/gshadow 文件是用户组的影子文件，记录了系统中用户组密码等相关信息。

同样，该文件只有 root 用户拥有可写权限，它也以行为单位来代表用户组，每一行被冒号"："分成 4 个字段。

[组合]:[密码]:[组管理员]:[组员列表]

每个字段的含义分别如下。

- [组名]：用户组的名称。
- [密码]：加密后的口令。
- [组管理员]：指定用户组的管理员。
- [组员列表]：列出属于用户组的用户名。

4.2.2 用户组管理相关命令

1. groupadd

格式： groupadd [选项] <用户组名>

作用： 建立新的用户组。

选项： -g——指定用户组的 GID。

例如，创建新组 grp1。

```
[root@debian ~]# groupadd grp1
```
再如，创建新组 grp2，指定 GID 号为 1003。

```
[root@debian ~]# groupadd -g 1003 grp2
```

2. groupdel

格式： groupdel <用户组名>

作用： 删除用户组。

例如，删除用户组 grp1。

```
[root@debian ~]# groupdel grp1
```

注意：

删除用户组时，用户组必须存在。如果用户组中有任意用户正在使用，就不能删除该用户组。

3. groupmod

格式： groupmod [选项] <用户组名>

作用： 修改用户组的属性。

选项： -g——为用户组指定新的 GID。

　　　　 -n——更改组名。

例如，将 grp2 的 GID 改为 1000，将组名改为 grp3。

```
[root@debian ~]# groupmod -g 1000 -n grp3 grp2
```

4. gpasswd

格式：gpasswd [选项] <用户组>

作用：管理用户组。

选项：-a 用户名——添加用户到用户组。

　　　　-d 用户名——从用户组中删除指定用户。

　　　　-A 用户名——指定用户组的管理员。

　　　　-r——删除密码。

例如，为 grp1 用户组设置密码。

```
[root@debian ~]# gpasswd grp1
```

再如，设置用户 zhang 为用户组 grp2 的管理员，然后以 zhang 用户身份将 test 用户添加到 grp2 组中。

```
[root@debian ~]# gpasswd -A zhang grp2
[zhang@debian ~]$ gpasswd -a test grp2
```

注意：

用户组的管理员仅有权对本组进行管理，不能对其他用户组进行管理。

5. groups

格式：groups <用户名>

作用：查看指定用户所属的用户组。其中第一个是用户的主组，其他的是附加组。

例如，查看用户 zhang 所属的用户组。

```
[root@debian ~]# groups zhang
zhang grp2
```

 任务实施

1. 创建用户

按照任务要求，首先为设计部的经理(jack)、员工(tom)、员工(lily)以及市场部的经理(bill)、员工(rose)分别创建相应的账户，并且为各用户设置初始密码。

```
[root@server ~]# useradd -m jack
[root@server ~]# useradd -m tom
[root@server ~]# useradd -m lily
[root@server ~]# useradd -m bill
[root@server ~]# useradd -m rose
[root@server ~]# passwd jack
[root@server ~]# passwd tom
[root@server ~]# passwd lily
```

```
[root@server ~]# passwd bill
[root@server ~]# passwd rose
```

2. 创建用户组

```
[root@server ~]# groupadd design
[root@server ~]# groupadd market
```

3. 将用户添加到用户组中

```
[root@server ~]# gpasswd -a jack design
[root@server ~]# gpasswd -a tom design
[root@server ~]# gpasswd -a lily design
[root@server ~]# gpasswd -a bill market
[root@server ~]# gpasswd -a rose market
```

 思考和练习

一、选择题

1. /etc/passwd 文件用来存储(　　)信息。

   A. 系统中所有用户的加密过的口令

   B. 用户账户信息和账户的参数

   C. 用户和组的加密过的口令

   D. 所有用户和服务器的口令

2. root 用户的 UID 和 GID 是(　　)。

   A. 0　　　　　　 B. 1　　　　　　 C. 1000　　　　　 D. 9999

3. root 用户在 Linux 系统中的权限是(　　)。

   A. 是系统管理员，除了具有与其他用户一样的权限外，还具有系统的特权

   B. 和其他用户一样，不具有特权

   C. 权限受到限制，只能在特定的目录中执行操作

   D. 以上答案都不正确

4. 以下(　　)命令可以显示正在登录的用户的属组。

   A. groups　　　 B. group　　　　 C. groupinfo　　　 D. groupmod

5. 以下(　　)命令可以更改指定组的相关信息。

   A. groups　　　 B. group　　　　 C. groupinfo　　　 D. groupmod

6. 以下(　　)命令可以更改指定用户的相关信息。

   A. user　　　　 B. usermod　　　 C. userinfo　　　　 D. infouser

7. usermod -s /bin/bash test 命令的含义是(　　)。

　　A. 将 test 用户的登录 shell 更改为 bash　　　　B. 为 test 用户建立 shell

　　C. 将 test 命令的执行 shell 更改为 bash　　　　D. 以上都不对

8. 系统中存在的组都被定义在/etc/group 文件内，group 文件内包含的所有条目按照先后顺序应该为(　　)。

　　A. GID、groupname、password、member list

　　B. groupname、password、member list、GID

　　C. groupname、password、GID、member list

　　D. GID、member list、groupname、password

9. 要将用户添加到指定用户组，应使用的命令是(　　)。

　　A. groupadd　　　　B. groupmod　　　　C. gpasswd　　　　D. groups

10. 使用命令 userdel ming 从系统中删除名为 ming 的用户，但该用户的主目录等相关文件依旧存在，使用以下(　　)命令可完全删除。

　　A. userdel -m ming　　　　　　　　　B. userdel -l ming

　　C. userdel -a ming　　　　　　　　　D. userdel -r ming

11. 在操作系统的命令行模式下执行动作时，动作由(　　)解释。

　　A. 工具　　　　　B. 应用程序　　　　C. shell　　　　D. 命令

12. 用户登录 Linux 系统后首先进入(　　)目录。

　　A. /home　　　　　B. /　　　　　C. /boot　　　　D. 用户的家目录

二、简答题

1. Linux 有几种用户类型？分别是什么？

2. 什么是伪用户？请阐述系统中有哪些伪用户以及它们分别代表什么。

3. 不删除账户的情况下，应如何禁止用户登录？

4. 用于保存用户和用户组信息的文件是哪 4 个？它们分别保存什么内容？

5. 在/etc/passwd 文件中，有一行信息的内容是 test:x:1003:1003:student:/home/test:/bin/bash。请问各字段的含义是什么？

6. 什么是 shell？shell 的作用是什么？有哪些常见 shell？

实验 4

【实验目的】

1. 熟悉 Linux 用户管理。

2. 了解 Linux 用户组管理。

3. 熟悉 Linux 中 passwd 和 group 文件的格式。

4. 掌握 Linux 中用户和用户组管理的相关命令。

【实验准备】

安装有 Debian Linux 操作系统的虚拟机一台。

【实验步骤】

(1) 以 root 账户登录 tty4，创建新账户，用户名格式为：操作学员姓名的汉语拼音全部首字母，后跟随学员学号后 4 位，如 zzl0315。

(2) 在 tty5 中以新账户登录，观察登录情况并记录操作结果。

(3) 在 tty4 中为新账户设置密码并在 tty5 中重新登录，观察登录情况，使用 exit 命令退出并记录操作结果。

(4) 使用 more 或 less 命令分别查看/etc/passwd、/etc/shadow、/etc/group 等文件内容，写出与新账户相关的记录。

(5) 修改新账户的属性，将 shell 指定为 bash 并打开 passwd 文件，写出修改后的记录。

(6) 用命令创建组，组名为自己姓名的汉语拼音。将新账户添加到新创建的组中，打开 group 和 gshadow 文件，写出与实验组相关的记录。

(7) 在 tty2 中以新账户登录并修改自己的口令，在 tty3 中用新口令登录。

(8) 将新账户从所有控制台退出(命令为 exit)，在 tty1 中用 passwd 命令将新账户锁定，切换到 tty2，使用新账户登录。在 tty1 中将新账户解锁，在 tty2 中重新用新账户登录。

(9) 删除本次实验新添加的所有用户和用户组。

【实验总结】

1. 记录各操作步骤后/etc/passwd 和/etc/group 文件中与所操作账户或组有关的结果。

2. 思考为何在新建用户后查看 shell 为/bin/sh，以及普通用户的默认 shell 是什么。

任务 5　安装和管理应用软件

任务引入

某企业为简化网络管理，准备架设一台 DHCP 服务器。首先需要利用 Debian Linux 的 apt 在服务器上安装 DHCP 服务器端软件。

任务实施流程

(1) 设置 Debian 软件源。

(2) 使用 apt 命令安装软件。

5.1 Debian Linux 的软件包管理

Linux 提供了丰富的软件资源，而且这些软件资源大多是自由软件，可供用户免费使用。Linux 通常将软件的所有相关文件打包成特殊格式的软件包，在这种软件包内，还包含了检测系统环境以及软件依赖性的脚本。当用户需要安装使用某个软件时，只要获取相应的软件包并通过特定的指令安装，软件包就会依照软件包内的脚本来检查软件依赖的前驱软件是否存在。如果安装环境符合要求，就将开始安装。安装完成后，软件的信息将被记录在相应的软件包管理机制中，以便将来的升级、卸载等操作。

目前，不同的 Linux 发行版大致有以下 3 种软件包封装格式。

- rpm：最初是由 Red Hat 公司提供的一种包封装格式，现被用于大多数 Linux 发行版。
- deb：Debian Linux 提供的一种包封装格式。
- source code：源码包，需要用户编译安装。

基于以上 3 种软件包的封装格式，不同的 Linux 发行版都提供了相应的软件包管理程序。例如，SUSE Linux 的 YaST 是基于 rpm 格式的软件包管理程序、Debian Linux 的 apt 是基于 deb 格式的软件包管理程序等。使用软件包管理程序可以自动解决依赖性的问题，便于安装、更新和卸载软件，同时还能跟踪系统内已经安装的软件包及软件包中包含的文件。

5.1.1 deb 和 apt

deb 是 Debian 系统的安装包封装格式。deb 包本身由三部分组成：数据包，包含实际安装的程序数据；安装信息及控制脚本包，包含 deb 的安装说明、标识、脚本等；deb 文件的一些二进制数据，包含文件头等信息。

deb 遵循严格的依赖关系，可以确保软件运行所必需的组件，在安装时会自动安装所依赖的软件包。卸载时也很重要，例如，软件包 A 依赖于 B，当卸载 B 的时候会提示 A 依赖于 B，卸载掉 B 会导致 A 不能用，从而确保系统的完整性和稳定性。

apt(Advanced Packaging Tool)是 Debian Linux 软件包的管理工具。Debian 采用集中式的软件包管理机制，所有软件包都由一个或多个站点提供(站点取决于 sources.list 的配置)并统一管理。一旦出现依赖性问题，apt 能够检查软件包依赖关系，无须人工干预，大大简化了用户安装和卸载软件包的过程。另外，apt 通过私有数据库跟踪列表中软件包的当前状态，可以知道系统中哪些 deb 包已安装、未安装或可升级。因此，apt 成为 Debian Linux 中最受欢迎的工具，也成为其他软件包管理工具的底层工具。例如，图形界面的软件包管理工具 Synaptic 就是基于 apt 工作的。

5.1.2 Debian 软件源

通常情况下，Debian 软件源有两类：一类是使用本地的资源，即光盘源；另一类是网络上的源站点。可以通过/etc/apt/sources.list 文件来设置 Debian 的软件源。

/etc/apt/sources.list 文件中的源是按照一定的格式来组织的，示例如下。

```
deb cdrom: [Debian GNU/Linux 10.8.0_Buster_-Official i386 DVD Binary-1
20210206-10:47]/buster contrib main
deb http://mirrors.163.com/debian/buster main non-free contrib
#deb-src http://security.debian.org/debian-security buster/updates main
contrib
```

在/etc/apt/sources.list 文件中，每行代表一个 Debian 软件源的设置。其中，每行大致分成 3 个部分：类型、源站点的地址以及 Debian 的版本和软件自由度。"#"表示本行为注释行(可将暂时不用的源屏蔽)。

Debian 软件源的类型可分为 deb(编译好的包)和 deb-src(源代码包)两种。

源站点的地址主要有光盘源或站点源地址。本地的光盘源可通过 apt-cdrom add 命令自动监测光盘并添加到 sources.list 中；而网络上的源站点则可根据实际网络情况手动修改 sources.list 文件，但必须遵循上述源格式进行设置。

注意，设置的源不同，下载速度会有所区别。可多试几个源，找到所在网络下载速度较快的源。下面是几个速度不错的 Debian 软件源。

```
# 上海交通大学的源
deb https://mirror.sjtu.edu.cn/debian/buster main contrib
deb https://mirror.sjtu.edu.cn/debian/buster-updates main contrib
deb https://mirror.sjtu.edu.cn/debian/buster-backports main contrib
deb https://mirror.sjtu.edu.cn/debian-security/buster/updates main
contrib
# 网易公司的源
deb http://mirrors.163.com/debian/buster main non-free contrib
deb http://mirrors.163.com/debian/buster-updates main non-free contrib
```

如果找不到合适的源，可安装 apt-spy 软件来帮助查找源并测试源的速度。apt-spy 会根据站点回应时间和带宽自动创建/etc/apt/sources.list 文件。

Debian 软件包的版本主要有以下 3 种。

- stable(稳定版)：如字面意思，稳定版是最稳定的源，但各个软件包通常不是最新版。一般情况下，若没有出现安全问题，稳定版是不会更新的，所安装软件包较少也较为固定。如果是搭建服务器，建议采用稳定版的源。

- testing(测试版)：这个版本的软件包多半是在不稳定版中经维护人员和开发人员不断测试后流入的，因此在某种程度上已做过初步的检测。这里的软件包大多稳定，而且软件包也都会比稳定版中的新，软件包的总量则比稳定版要多很多。

- unstable(不稳定版)：该版本中包含了 Debian 中最新版本的软件包。当这些软件包达到要求的稳定与品质标准之后，就会被列入测试版。不稳定版中的软件包都只经过简单的测试，因此可能包含足以影响系统稳定性的严重问题。只有极有经验的用户才应该考虑使用不稳定版的软件包。

注意：

使用测试版或不稳定版的软件包不会从安全小组及时获得安全更新。最好不要混用不同版本的软件包。

软件包的自由度针对软件是否是自由软件进行分类，主要包括以下几种。

- main：这是主要的、最基本且符合自由软件规范的软件。
- contrib：该类软件包是自由软件，但是需要依赖一些非自由软件才能使用。
- non-free：不属于自由软件范畴的软件。
- non-us：这里的软件都来自非美国地区，其中可能牵涉专利、加密等问题。

小知识：

根据《Debian 自由软件指导方针》，包含在 Debian 正式发行版中的所有软件包都是自由软件(对应 main)。这确保了这些软件包和它们的完整源代码可以被自由使用及重新发布。

5.2　软件包管理命令

5.2.1　apt 命令

1. 更新软件包列表信息

在安装软件之前，应使用以下命令更新软件包列表信息，从而获得最新的软件包更新和安全更新等信息。

```
[root@server ~]#apt-get update
```

2. 搜索软件包

大多数情况下，我们并不知道软件包的具体名称。因此，需要查找相关软件包的名称才可以安装，这时可以使用 apt 命令搜索软件包。

格式：apt-cache search 包名关键字

例如，搜索包含 msn 关键字的软件包的名称。

```
[root@server ~]#apt-cache search msn
```

3. 查看软件包信息

通过 apt-cache search 命令查询到与关键字关联的软件包后，可以使用 apt-cache show 命令显示指定软件包的信息，包括版本号、安装状态和包依赖关系等。

格式：apt-cache show<软件包名>

4. 安装软件包

当搜索到需要安装的软件包的具体名称后，就可以用 apt 命令来安装软件包。

格式：apt-get install 软件包名

例如，安装 python3.7。

```
[root@server ~]#apt-get install python3.7
```

5. 更新软件包

软件包更新(即升级软件包)是 apt 最成功的特点，只需要一条命令即可将系统中所有已经安装的软件包更新为最新可用版本。

格式：apt-get -u upgrade

其中，-u 表示显示完整的可更新软件包列表。

6. 卸载软件包

如果不想再使用某个软件，可以通过 apt-get remove 命令卸载软件包。

格式：apt-get [--purge] remove <软件包名>

选项：--purge——在删除软件包的同时删除配置文件。

例如，删除 apache2 软件包及配置文件。

```
[root@server ~]# apt-get --purge remove apache2
```

5.2.2 dpkg 命令

dpkg 是 Debian Package 的英文缩写，是为 Debian 开发的软件包管理系统。与 apt 相比，dpkg 属于底层工具。当用户从普通软件下载网站下载了 deb 的软件包，却无法使用 apt 安装时，可采用 dpkg 来完成软件的安装、更新和卸载。

格式：dpkg [选项] <软件包名>

选项：-i——安装指定的 Debian 软件包。

　　　-l——查看某软件包是否已安装。

　　　-L——查看指定软件包中包含哪些内容及安装到什么位置。

　　-r——删除指定软件包。

　　-S——查看系统中指定文件是由哪个软件包提供的。

例如，安装 ftp_3.1.3-1_i386.deb 软件包。

```
[root@server ~]#dpkg -i ftp_3.1.3-1_i386.deb
```

再如，查看系统中是否安装了 apache 软件包。

```
[root@server ~]# dpkg -l apache
No packages found matching apache.
```

上述结果说明 apache 软件包还没有安装。

又如，查看/bin/ps 这个命令是由哪个软件包提供的。

```
[root@server ~]# dpkg -S/bin/ps
procps: /bin/ps
```

上述结果显示/bin/ps 这个命令是由 procps 这个软件包提供的。

5.2.3 源码包的安装

对于下载的源码包，不能直接安装使用，必须先编译，然后才能安装。

1. 解压

通过网络下载的软件包往往是压缩包，需要先解压缩，然后才能使用。为便于管理，建议将下载的软件包放到/usr/local/src/目录并在此解压缩。可使用 tar 命令在 Linux 中解压缩。

例如，将下载的 aaa.tar.gz 软件包解压缩。

```
[root@server /usr/local/src]#tar -xzvf aaa.tar.gz
```

2. 编译安装

在解压缩的源码目录中通常会有 configure 脚本。如果运行该脚本，将会自动检测软件的编译环境和依赖关系并生成 Makefile 文件以配置下面的编译过程。

在 Linux 系统中，编译采用 make 命令，安装使用 make install 命令。

例如，对/usr/local/src/aaa 目录中的源代码进行编译并安装。

```
[root@server /usr/local/src/aaa]#make
[root@server /usr/local/src/aaa]#make install
```

由于 Linux 系统的开源特性，因此在 Linux 平台下可以方便地获得软件的源码包。源码包在编译后才能使用，使用上不如预编译的软件包(deb 包)方便。但用户在编译前可对源码进行修改，并且在编译时源码包会根据用户的软硬件环境优化，从而提高软件的性能。

5.2.4 新立得软件管理器

1. 安装新立得软件管理器

新立得(Synaptic)是 Debian 操作系统软件包管理工具 apt 的图形化前端,结合了图形界面的简单操作和 apt-get 命令行工具的强大功能。用户可以使用新立得完成软件包的查询、安装、删除和配置。

新立得软件管理器用于 Debian 的图形桌面环境,不能用于命令行,可使用 apt 工具安装。

```
[root@server ~]# apt install synaptic
```

2. 运行新立得软件管理器

单击【活动】→【显示应用程序】→【新立得软件包管理器】,启动新立得软件。运行后会在桌面上打开【新立得包管理器】窗口,如图 5.1 所示。

新立得的主窗口主要分为 3 个部分:左边是软件包浏览器,可通过不同的分类浏览软件包;右上方是包列表,包括软件包的名称、版本以及安装状态等信息;右下方是包详细信息,在选择某个软件包后,会给出这个软件包的说明。

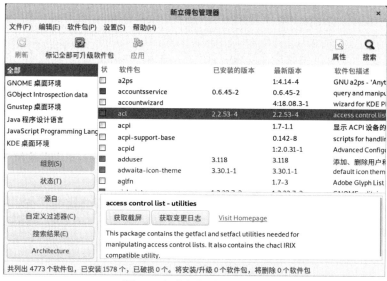

图 5.1 新立得软件包管理器

3. 添加和删除软件包

单击【刷新】按钮或按 Ctrl+r 组合键可更新软件包信息。

找到需要的软件包,右击并在弹出的菜单中选择【标记以便安装】或按 Ctrl+i 组合键,如图 5.2 所示。

图 5.2　标记所需安装的软件包

如果选择的软件包在安装时还依赖于其他的软件包，新立得将弹出对话框，列出所有相关软件包(如图 5.3 所示)，单击【标记】按钮就可将这些软件包打上标记以便安装。

图 5.3　标记安装所需的额外软件包

选择完毕后，单击工具栏上的【应用】按钮可自动安装软件包。

删除软件包的方法与安装类似。首先右击已安装的软件包，在弹出的菜单中选择【标记以便删除】，选择好后单击工具栏上的【应用】按钮即可。

在删除软件包时，如果在弹出的菜单中选择【标记以便彻底删除】，新立得将会同时删除所选软件包及其配置文件。

任务实施

1. 设置 Debian 软件源

用 VI 编辑器打开/etc/apt/sources.list 文件，输入相应的软件源。

```
[root@server ~]#vi /etc/apt/sources.list
deb ftp://ftp.hk.debian.org/debian/buster stable main
deb-src ftp://ftp.hk.debian.org/debian/buster stable main.
```

2. 使用 apt 命令搜索并安装 DHCP 软件

```
[root@server ~]#apt-get update
[root@server ~]#apt-cache search dhcp
[root@server ~]#apt-get install isc-dhcp-server
```

 思考和练习

一、填空题

1. Debian 软件源有两类：一类是本地光盘源，可用_____命令配置；另一类为网络上的源站点。

2. 在 sources.list 文件中，类型分为 deb 和 deb-src，分别表示_____以及_____。

3. sources.list 中的源格式常分为三段，分别是_____、_____、_____。

4. Linux 的软件包封装格式有_____、_____、_____。

二、简答题

1. 什么是软件包？什么是软件包管理？
2. Debian 软件源有几种版本，各有什么特点？
3. 软件包的自由度是什么意思？

实验 5

【实验目的】

1. 熟悉 Debian 软件源的配置。
2. 掌握 apt 命令的用法。

【实验准备】

1. 安装 Debian Linux 的虚拟机。
2. 虚拟机能连接到 Internet。

【实验步骤】

(1) 配置网络参数，保证与互联网连通。

(2) 编辑/etc/apt/sources.list 文件，软件源使用网易公司的源。修改好之后保存并退出。

(3) 使用 apt-get update 命令更新软件包列表。

(4) 使用 apt-cache search 命令搜索 nfs 软件包。

(5) 使用 apt-get install 命令安装 nfs 服务器软件。

(6) 使用上述方法搜索并安装新立得软件。

(7) 熟悉新立得软件的使用并用新立得软件卸载刚刚安装的 nfs 软件。搜索并安装 apache 2 服务器软件。

(8) 使用 apt-get remove 命令卸载 apache 2 服务器软件。

【实验总结】

1. 写出/etc/apt/sources.list 配置文件的内容。

2. 思考如何得到速度较快的源。

∞ 项目三 ∞
磁盘配置与管理

任务 6　设置 RAID

 任务引入

　　为公司业务的数据安全，需要为公司内的 Web 服务器添加 4 块硬盘，其中 3 块磁盘组建 RAID5 磁盘阵列，剩下一块硬盘用作热备盘。要求将此 RAID5 磁盘阵列开机自动挂载到/mnt/web 目录。

任务实施流程

　　(1) 添加磁盘并分区。
　　(2) 安装 mdadm。
　　(3) 使用 mdadm 命令创建 RAID5。
　　(4) 格式化磁盘。
　　(5) 将 RAID 设备挂载到/mnt/web 目录。

6.1　RAID 基本原理

　　RAID 是 Redundant Array of Inexpensive Disks 的缩写，意思是独立磁盘冗余阵列。RAID 的目的是将多个廉价的小型磁盘驱动器合并成一个磁盘阵列，以提高存储性能和容错功能，从而提高数据的安全性。所组成的 RAID 阵列在逻辑上看起来是一个单独的驱动器，使用方法与一块普通的硬盘无异。

RAID 可分为软 RAID 和硬 RAID，其中软 RAID 是通过软件实现的，具有配置简单、管理灵活的特点。而硬 RAID 一般通过 RAID 卡实现，在性能方面具有一定优势，但往往花费较贵。

RAID 作为高性能的存储系统，得到了越来越广泛的应用。RAID 从 RAID 概念的提出到现在已经发展了多个级别，目前常用的有 0、1、3、5 以及 RAID10 等级别。

- RAID0：将多个磁盘合并成一个大的磁盘，不具有冗余，并行 I/O，速度快。RAID0 将多个磁盘并列起来，成为一个大硬盘。数据呈带状分布在各个硬盘上，因此 RAID0 的读写速度在所有 RAID 方案中是最快的，但因为没有冗余功能，如果某个磁盘损坏，则所有数据都无法使用，所以安全性较低。

- RAID1：把磁盘阵列中的硬盘分成相同的两组，互为镜像，因此 RAID1 至少需要 2 块硬盘。当某块硬盘损坏时，可以利用其镜像上的另一硬盘进行数据恢复，从而提高系统的容错能力，因此 RAID1 的安全性在所有 RAID 方案中最高。缺点是硬盘的利用率低，只有 50%。

- RAID5：RAID5 至少需要 3 块硬盘。在向阵列中的磁盘写数据时，每块硬盘除写入数据外还要加上奇偶校验。因此 RAID5 是以数据的校验位来保证数据的安全，但它不是使用单独硬盘存放数据的校验位，而是将数据段的校验位交互存放于各个硬盘上。这样，即使任何一个硬盘损坏，仍可以根据其他硬盘上的校验位来重建损坏的数据(如图 6.1 所示)。RAID5 的读效率较高，但写数据时要进行校验，因此写效率较低，硬盘的利用率为 $n-1$。

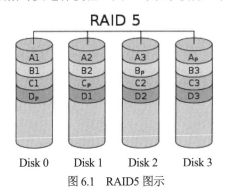

图 6.1   RAID5 图示

- RAID10：如果将两个 RAID1 再组合成 RAID0，得到的 RAID 被称为 RAID10。RAID10 是一种存储性能与数据安全性都不错的方案，不仅有 RAID1 的安全性，同时具有与 RAID0 相近的存储性能。缺点是 RAID10 的磁盘利用率与 RAID1 一样较低，只有 50%。

6.2 创建 RAID

6.2.1 磁盘分区与格式化

为方便演示,首先在 VMware 虚拟机中添加 4 块 SCSI 硬盘,即/dev/sdb、/dev/sdc、/dev/sdd、/dev/sde(如图 6.2 所示)。

图 6.2　在 VMware 中添加磁盘

在使用磁盘前,要对磁盘进行分区和格式化,相关的磁盘管理命令有 fdisk、dd、mkfs 等。

1. fdisk

格式: fdisk [选项] [磁盘设备名称]

作用: 管理磁盘分区。

选项: -l——列出磁盘信息。

例如,查看硬盘分区信息。

```
[root@debian ~]# fdisk -l
Disk /dev/sda: 10GB, 1737418240 bytes
255 heads, 63 sectors/track, 1305 cylinders
Units = cylinders of 16065 * 512 = 8225280 bytes

Device   Boot   Start      End     Blocks    Size  Id  System
/dev/sda1  *     2048   14614527  14614580    7G   83    Linux
/dev/sda2       14616576 16615423  1998848   976M  82    swap
```

从结果可以看出，系统有一块 10GB 的名为 sda 的硬盘，目前有 2 个分区 sda1 和 sda2，其中 sda1 是引导分区，此外还有分区 ID、文件系统类型等。

再如，对硬盘 sdb 进行分区操作。

```
[root@debian ~]# fdisk /dev/sdb
Command(m for help)
```

在 Command 提示后面输入相应的命令选项，可对磁盘进行相应的操作。例如，输入 m 可列出所有可用的命令选项。

fdisk 常用命令选项如下。

- a：调整硬盘引导分区。
- d：删除指定分区。
- l：显示所有支持的分区类型。
- n：创建新分区。
- p：显示硬盘分区表。
- t：设置分区类型。
- q：退出不保存。
- w：保存修改，退出。

例如，在/dev/sdb 硬盘上创建大小为 5GB 的磁盘分区，要求分区/dev/sdb1 为主分区。

```
[root@debian ~]# fdisk /dev/sdb
Command(m for help)n                        //输入 n 创建分区
Partition type:
  p  primary(0 primary,0 extended,4 free)
  e  extended
Select(default p):p                         //输入 p 创建主分区
Partition number(1-4,default 1):1           //选择分区号
First sector(2048-20971519,default 2048)
Last sector,+/- sevtors or +/-size{K,M,G,T,P}(2048-20971519,default
20971519): +5G
                                            //设置分区大小
Created a new partition 1 of type 'Linux' and of size 5 Gib.
Command(m for help)w                        //输入 w 保存退出
```

2. dd

格式：dd <参数> <参数> …

作用：用指定大小的块拷贝一个文件并在拷贝的同时进行指定的转换。

参数：if = input file——指定输入文件名。

of = output file——指定输出文件名。

ibs = n——一次读入 n 个字节。

obs = n——一次输出 n 个字节。

bs = n——设置读入/输出的块大小为 n 个字节。

cbs = n——一次转换 n 个字节。

count = n——仅拷贝 n 个数据块，块的大小等于 ibs 指定的字节数。

例如，将本地的/dev/sdb 整盘备份到/dev/sdd。

```
[root@debian ~]# dd if=/dev/sdb of=/dev/sdd
```

再如，将本地的/dev/sdb 全盘数据备份到/bak/image 文件。

```
[root@debian ~]# dd if=/dev/sdb of=/bak/image
```

3. df

格式： df [选项]

作用： 用来查看文件系统的空间占用情况。

选项： -a——显示所有文件系统磁盘使用情况，包括所有 Blocks 为 0 的文件系统。

-k——以 KB 为单位显示。

-i——显示 i 节点(inode)信息。

-t——显示指定类型文件系统的磁盘使用情况。

-T——显示文件系统类型。

例如，列出 ext4 文件系统的空间占用情况。

```
[root@debian ~]# df -t ext4
Filesystem  1K-blocks      Used  Available  Use%  Mounted on
/dev/sda1    7125944   4982884    1761364   74%          /
/dev/sda6   12397448     79272   11668704    1%      /home
```

4. du

格式： du [选项] [文件或目录名]

作用： 显示指定文件或目录的空间占用情况。

选项： -a——递归显示指定目录中各文件的占用情况。

-s——仅显示总计。

例如，只显示/etc/apache2 目录所占空间总计。

```
[root@debian ~]# du -s /etc/apache2
692     /etc/apache2
```

5. mkfs

格式： mkfs [选项] [设备名]

作用： 在指定分区上建立文件系统(对磁盘格式化)。

选项：-t——指定要创建的文件系统类型。

　　　-c——在建立文件系统之前，先检查分区是否有坏块。

　　　-V——输出详细信息。

　　　block——指定数据块大小。

例如，将/dev/sda5 格式化为 ext3 文件系统格式并检查是否有坏块存在。

```
[root@debian ~]# mkfs -t ext3 -c /dev/sda5
```

5. mount

分区格式化后，还要挂载到系统相应目录下才能使用。Linux 挂载命令为 mount、卸载为 umount。

格式： mount [选项] [设备名] [挂载点]

作用： 将指定的设备挂载到系统目录下。

选项： -t——指定要挂载的文件系统类型。

　　　-r——以只读方式挂载。

　　　-w——以可读写方式挂载。

　　　-a——挂载/etc/fstab 文件中的设备。

例如，将文件系统类型为 vfat 的 U 盘(设备名为 sdb1)挂载到/mnt/udisk 目录下。

```
[root@debian ~]#mount -t vfat /dev/sdb1 /mnt/udisk
```

这时可以在系统的/mnt/udisk 目录下查看 U 盘中的内容。

小知识：

Linux 把设备也看成文件，系统当前的所有设备都可以在/dev 目录中找到相应的文件。/mnt 目录通常作为挂载目录使用。

6. umount

格式： umount [选项] [设备名] [挂载点]

作用： 卸载指定的文件系统。

选项： -a——卸载/etc/mtab 中记录的所有文件系统。

　　　-t——仅卸载选项中指定的文件系统。

　　　-r——若无法成功卸载，则尝试以只读方式重新挂载文件系统。

例如，要卸载 U 盘，可以输入以下命令。

```
[root@debian ~]#umount /mnt/udisk
```

或

```
[root@debian ~]#umount /dev/sdb1
```

小知识：

Linux 正在使用的文件系统是无法卸载的。另外，光盘必须先卸载才能弹出。

7. fstab 文件

使用 mount 命令可以挂载外来的文件系统，但在系统重启后，需要重新输入 mount 命令才能进行挂载。如果希望系统启动时能自动挂载，则可以修改/etc/fstab 文件来实现自动挂载。

fstab 文件包含了系统在启动时挂载文件系统和存储设备的详细信息，系统启动时会根据这个文件中的内容进行挂载。fstab 文件由多行记录组成，格式如下。

<file system> <mount point> <type> <option> <dump> <pass>

对此格式的说明如下。

- <file system>：需要挂载的文件系统或存储设备。
- <mount point>：挂载点。
- <type>：文件系统的格式，也可使用 auto 让系统自动设置。
- <option>：挂载选项。常用选项如下。
  - ro——以只读模式加载文件系统，rw 表示可读写模式。
  - user——允许普通用户加载文件系统。
  - noauto——不再使用 mount 命令加载文件系统。
  - defaults——包含 rw、suid、dev、exec、auto、nouser 和 async。
- <dump>：设置是否让备份程序 dump 备份文件系统。0 为忽略，1 为备份。
- <pass>：设置 fsck 程序启动时需要被扫描的文件系统的顺序。对于根系统，这个值应设为 1；对于其他文件系统，可以设为 2。0 为忽略。

例如

```
/dev/scd0 /media/cdrom0 udf,iso9660 user,noauto 0 0
/dev/fd0 /media/floppy0 auto rw,user,noauto 0 0
```

上面两条记录表明，系统启动时会将光驱和软驱分别挂载到/media 下相应的目录。只要按照这样的格式添加新的记录，便可以让系统启动时自动挂载我们需要的文件系统。例如，可以在 fstab 文件中添加以下记录，从而实现 U 盘自动挂载至/mnt/udisk 目录。

```
/dev/sdb1 /mnt/udisk ntfs defaults 0 0
```

注意：

设备挂载的目录必须存在，例如，此处的/mnt/udisk 需要提前创建好。另外，对于 Linux 的配置文件，普通用户一般没有权限设置。在编辑这些配置文件前，请切换到 root 用户进行配置。

6.2.2　用 mdadm 命令创建 RAID

1. 安装 mdadm

```
[root@debian ~]#apt-get install mdadm
```

2. mdadm 命令

Linux 内核中有一个 md 模块在底层管理 RAID 设备，而 Linux 在应用层提供了一个应用程序 mdadm。利用 mdadm 可创建和管理 RAID。

格式： mdadm [选项] <RAID 设备名> [分区设备名]

作用： 创建和管理 RAID。

说明： RAID 设备名的取名格式为 mdX，其中 X 为设备编号，一般从 0 开始。

选项： --create(-C)——创建 RAID。

　　　　--level(-l)——指定 RAID 级别。

　　　　--raid-devices(-n)——指定磁盘设备数量。

　　　　--spare-devices——指定 RAID 中热备盘的数量。

　　　　--remove(-r)——指定要移除的设备。注意，只能是失效设备或热备设备。

　　　　--add(-a)——为 RAID 在线添加设备。

　　　　--fail(-f)——使 RAID 中某设备变成失效状态。

　　　　--detail(-D)——查询 RAID 的详细信息。

　　　　--stop(-S)——停止 RAID 活动。

例如，对于磁盘 sdb1、sdc1、sdd1 和 sde1，要求使用 mdadm 命令创建 RAID5，其中热备盘数量为 1。

```
[root@debian ~]#mdadm --create /dev/md0 --level=5 --raid-devices=3
--spare-devices=1 /dev/sd[b-e]1
```

再如，查看 RAID5 建立的具体情况。

```
[root@debian ~]#mdadm -D /dev/md0
```

又如，前例中 sdb1 损坏，用热备盘 sde1 恢复。

```
[root@debian ~]#mdadm /dev/md0 --fail /dev/sdb1
[root@debian ~]#mdadm /dev/md0 --remove /dev/sdb1
[root@debian ~]#mdadm /dev/md0 --add /dev/sde1
```

 任务实施

1. 磁盘分区

```
[root@debian ~]# fdisk /dev/sdb
```

```
Command(m for help)n                          //输入 n 创建分区
Select(default p):p                           //输入 p 创建主分区
Partition number(1-4,default 1):1             //选择分区号
Command(m for help)t                          //设置文件系统
Hex code(type L to list all codes): fd        //设置文件系统为 fd
Command(m for help)w                          //输入 w 保存退出
[root@debian ~]# fdisk /dev/sdc
[root@debian ~]# fdisk /dev/sdd
[root@debian ~]# fdisk /dev/sde
```

2. 安装 mdadm 服务

```
[root@server ~]# apt-get install mdadm
```

3. 创建 RAID5

```
[root@debian ~]#mdadm --create /dev/md0 --level=5 --raid-devices=3
--spare-devices=1 /dev/sd[b-e]1
[root@debian ~]#mdadm --detail /dev/md0
```

4. 格式化 RAID 盘为 ext4 文件系统

```
[root@debian ~]#mkfs -t ext4 -c /dev/md0
```

5. 挂载 RAID 设备

```
[root@debian ~]#mount /dev/md0 /mnt/web
```

 思考和练习

一、填空题

1. RAID 的中文全称是＿＿＿＿＿＿＿，英文全称是＿＿＿＿＿＿＿＿＿。
2. 不同 RAID 级别的特性不同，其中 RAID＿＿＿＿的磁盘读写速度最快但无冗余，而要组成 RAID5，则至少＿＿＿＿块磁盘。
3. 若想在一个新分区上建立文件系统，应使用＿＿＿＿＿＿命令。
4. 若想让磁盘配额开机自动挂载，应修改＿＿＿＿＿＿＿＿配置文件。

二、选择题

1. 在终端输入 mount -a 命令的作用是(　　)。
   A. 强制进行磁盘检查

  B. 显示当前挂载的所有磁盘分区的信息

  C. 挂载/etc/fstab 文件中除 noauto 外的所有磁盘分区

  D. 以只读方式重新挂载/etc/fstab 文件中的所有分区

2. 将光盘/dev/hdc(挂载点为/mnt/cdrom)卸载的命令是(　　)。

  A. umount /mnt/cdrom   B. unmount /dev/hdc

  C. umount /mnt/cdrom /dev/hdc   D. unmount /mnt/cdrom /dev/hdc

3.下列关于/etc/fstab 文件的描述，正确的是(　　)。

  A. fstab 文件只能描述属于 Linux 的文件系统

  B. CD-ROM 和软盘必须是自动加载的

  C. fstab 文件中描述的文件系统不能被卸载

  D. 启动时按 fstab 文件描述内容加载文件系统

4. 在新分区上建立文件系统的命令是(　　)。

  A. fdisk   B. format   C. mkfs   D. makefs

三、简答题

1. RAID 有几种级别，各有什么特点？

2. RAID 的主要作用是什么？

3. Windows 有哪几种分区格式，Linux 有哪几种分区格式，各有什么异同？

实验 6

【实验目的】

1. 熟悉 Linux 磁盘管理相关命令。

2. 熟悉 Linux 中软 RAID 的创建与管理。

【实验准备】

1. 在 VMware 中安装一台 Linux 虚拟机。

2. Debian 操作系统的 DVD 安装盘(ISO 镜像文件)。

【实验步骤】

(1) 在 VMware 中添加两块各 1GB 的磁盘。

(2) 启动 Linux 并用 fdisk 命令对两块新磁盘进行分区。分区结束后用 fdisk-1 命令查看分区情况。

(3) 使用 mdadm 命令创建 RAID1。

(4) 使用 mkfs 命令在 RAID1 中建立 ext4 文件系统。

(5) 查看建立的 RAID1 的具体情况并记录。

(6) 创建/mnt/raid 目录并将所建的 RAID 盘挂载到/mnt/raid 目录。

(7) 在/mnt/raid 上创建名为自己姓名拼音的目录。

(8) 用 df 命令查看挂载情况和磁盘使用情况。

【实验总结】

1. 记录创建 RAID 后查看的 RAID1 具体情况。

2. 记录用 df 命令查看的磁盘使用情况。

任务 7　管理 LVM 卷

任务引入

　　某企业的文件服务器因业务需要,新添加两块 20GB 的磁盘组成逻辑卷 database,大小为 20GB,卷组为 vgdate,PE 尺寸为 16MB,文件系统为 ext4。设置为开机自动挂载到/web_data 目录。

　　后因业务扩展导致逻辑卷空间不足,要求将 database 卷增容到 30GB。

任务实施流程

(1) 添加磁盘并分区。

(2) 安装 lvm2。

(3) 创建并管理物理卷。

(4) 创建管理卷组 vgdate。

(5) 创建 database 卷并格式化为 ext4 文件系统。

(6) 设置开机自动挂载。

(7) 对 database 逻辑卷扩容。

7.1　逻辑卷管理器

1. 什么是 LVM

　　LVM 是逻辑卷管理器(Logical Volume Manager)的英文简称,是 Linux 系统下对磁盘分区进行管理的一种机制。Linux 用户常会遇见一个难以解决的问题,即如何正确估算各分区大小,从而分配合适的磁盘空间。上一任务介绍的磁盘分区的管理方式在分区划分好后就无法改变其大小,当分区容量存放不下文件时就会遇到问题,LVM 的出现很好地解决了这个麻烦,用户可在无须停机的情况下简便地调整分区大小。

　　简单来说,LVM 就是将众多物理设备组合成一个大的虚拟设备,用户只需要思考如何在虚拟设备上采用传统的空间分配策略，物理设备的管理将由 LVM 自己处理。这个由物理设备组合所成的虚拟设备称为卷组(VG)，而用户在卷组上所划分的磁盘空间则称为逻辑卷(LV)。原始物理设备必须经过初始化处理才能加入卷组集合，这种经过特别处理的原始设备或磁盘空间则称为物理卷(PV)。多个物理卷组成卷组，而在卷组上划分出一个个逻辑卷。物理卷、卷组和逻辑卷之间的关系如图 7.1 所示。

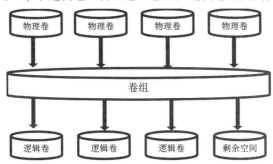

图 7.1 物理卷、卷组、逻辑卷三者的关系

2. LVM 基本术语

- 物理卷：物理卷是指磁盘分区或像 RAID 这样与磁盘分区具有同样功能的设备，它是 LVM 的基本存储逻辑块。
- 卷组：卷组由一个或多个物理卷组成，可在其上创建多个逻辑卷。
- 逻辑卷：逻辑卷等同于传统磁盘管理中的磁盘分区，可在其上建立文件系统。
- 物理块：物理块是 LVM 寻址的最小单元，默认大小为 4MB。物理卷由大小相同的若干基本单元(PE)组成。
- 逻辑块：逻辑块是逻辑卷被划分成的可寻址的基本单元。在同一卷组中，逻辑块与基本单元大小相同，且一一对应。

7.2 LVM 基本管理

1. 安装 LVM

```
[root@server ~]#apt-get install lvm2
```

2. 逻辑卷管理的常用命令

1) fdisk

在创建和管理逻辑卷时，要先使用 fdisk 命令对磁盘进行分区。需要注意的是，分区时最好用 t 命令选项设置分区的文件类型为 8e，即类型为 LVM。

2) pvcreate

格式： pvcreate [选项] [设备名]

作用： 创建物理卷 PV。

选项： -f——强制创建物理卷，无须用户确认。

-u——指定设备的 UUID。

-y——所有问题全部回答 yes(是)。

例如，创建多个物理卷。

```
[root@server ~]#pvcreate /dev/sdc{1,2}
```

3) pvdisplay

格式： pvdisplay [选项] [参数]

作用： 显示物理卷。

选项： -s——以短格式输出。

-m——显示基本单元到逻辑块的映射。

参数： 要显示的物理卷所对应的设备名。

4) vgcreate

格式： vgcreate [选项] [参数]

作用： 创建 LVM 卷组。

选项： -l——卷组上允许创建的最大逻辑卷数。

-p——卷组中允许添加的最大逻辑卷数。

-s——卷组上物理卷的基本单元大小，默认为 4MB。

参数： 卷组名——要创建的卷组名称。

物理卷列表——要加入卷组中的物理卷列表。

例如，创建卷组 vg100 并将物理卷/dev/sdb1 和/dev/sdb2 添加到 vg100 卷组中。

```
[root@server ~]#vgcreate vg100 /dev/sdb1 /dev/sdb2
```

再如，创建名为 vgstore 的卷组，将物理卷/dev/sdb6 和/dev/sdb7 添加到卷组，设置 PE 大小为 16MB。

```
[root@server ~]#vgcreate -s 16M vgstore /dev/sdb{6,7}
```

5) vgextend

格式： vgextend [选项] [参数]

作用： 向卷组中添加物理卷，从而动态扩展卷组。

选项： -d——调试模式。

参数：

卷组名——指定要操作的卷组名称。

物理卷列表——要添加到卷组中的物理卷列表。

例如，将物理卷/dev/sdb2 添加到 vg100 卷组中。

```
[root@server ~]#vgextend vg100 /dev/sdb2
```

6) lvcreate

格式： lvcreate [选项] [卷组名]

作用： 在卷组中创建逻辑卷。

选项： -n——要创建的逻辑卷名称。

　　　　-L——要创建的逻辑卷大小，单位为 kKmMgGtT 字节。

　　　　-l——要创建的逻辑卷的大小(逻辑块数)。

例如，在名为 vg100 的卷组中创建大小为 200MB、名为 lv01 的逻辑卷。

```
[root@server ~]#lvcreate -L 200M -n lv01 vg100
```

注意：

创建后的逻辑卷设备文件保存在卷组目录下，如上例中的逻辑卷 lv01 所对应的设备文件为/dev/vg100/lv01。

7) lvextend

格式： lvextend [选项] [逻辑卷设备名]

作用： 扩展逻辑卷的大小。

选项： -L——要扩展的逻辑卷大小，单位为 kKmMgGtT 字节。

　　　　-l——要扩展的逻辑卷的大小(逻辑块数)。

例如，为逻辑卷/dev/vg100/lv01 增加 100MB 空间。

```
[root@server ~]#lvextend -L +100M /dev/vg100/lv01
```

再如，将逻辑卷/dev/vg100/lv01 空间扩展至 600MB。

```
[root@server ~]#lvextend -L 600M /dev/vg100/lv01
```

8) e2fsck

格式： e2fsck [选项] [设备名]

作用： 用于检查 ext 文件系统的分区是否正常。

选项： -f——强制检查。

9) resize2fs

格式： resize2fs [设备名]

作用： 调整 ext2、ext3、ext4 等文件系统的大小。它可扩展和缩小没有挂载的文件系统的大小。

注意：

● 逻辑卷在增容或缩小后必须用 resize2fs 调整文件系统大小。

- 在调整前，要用 e2fsck 命令强制对文件系统进行检测，以检查磁盘完整性。
- 对 xfs 文件系统，要用 xfs_growfs 命令替代 resize2fs。

LVM 的管理命令还有许多，表 7.1 列出了常用的 LVM 命令。

表 7.1　常用 LVM 管理命令

功能	物理卷管理	卷组管理	逻辑卷管理
扫描	pvscan	vgscan	lvscan
建立	pvcreate	vgcreate	lvcreate
显示	pvdisplay	vgdisplay	lvdisplay
删除	pvremove	vgremove	lvremove
扩展		vgextend	lvextend
缩小		vgreduce	lvreduce

 任务实施

1. 磁盘分区

```
[root@debian ~]# fdisk /dev/sdb
Command(m for help)n                      //输入 n 创建分区
Select(default p):p                        //输入 p 创建主分区
Partition number(1-4,default 1):1          //选择分区号
Command(m for help)t                       //设置文件系统
Hex code(type L to list all codes): 8e     //设置文件系统为 lvm
Command(m for help)w                       //输入 w 保存退出
/dev/sdc 同上进行分区操作。
```

2. 安装 LVM

```
[root@debian ~]# apt-get install lvm2
```

3. 创建物理卷

```
[root@ debian ~]#pvcreate /dev/sdb1 /dev/sdc1
```

4. 创建卷组

```
[root@ debian ~]#vgcreate -s 16M vgdate /dev/sdb1 /dev/sdc1
[root@ debian ~]#vgdisplay
```

5. 创建逻辑卷

```
[root@ debian ~]#lvcreate -L 20G -n database vgdate
```

6. 格式化逻辑卷

```
[root@ debian ~]#mkfs -t ext4 /dev/vgdate/database
```

7. 自动挂载

```
[root@ debian ~]#mkdir /web_data
[root@ debian ~]#mount /dev/vgdate/database /web_data
[root@ debian ~]#echo "/dev/vgdate/database  /web_data  ext4  defaults  0
0">>/etc/fstab
```

8. 逻辑卷扩容

```
[root@ debian ~]#umount /web_data
[root@ debian ~]#lvextend -L 30G /dev/vgdate/database
[root@ debian ~]#e2fack -f /dev/vgdate/database
[root@ debian ~]#resize2fs /dev/vgdate/database
[root@ debian ~]#mount -a
```

 思考和练习

一、选择题

1. 以下是物理卷的是(　　)。
   A. PE　　　　　　B. PV　　　　　　C. LV　　　　　　D. LE
2. 要查看卷组的情况应使用命令(　　)。
   A. display　　　B. pvdisplay　　C. lvdisplay　　D. vgdisplay
3. 要缩小逻辑卷应使用命令(　　)。
   A. lvdisplay　　B. lvremove　　C. lvextend　　D. lvreduce
4. 在创建逻辑卷时，要以容量为单位指定逻辑卷大小，可使用(　　)选项。
   A. -n　　　　　　B. -l　　　　　　C. -L　　　　　　D. -s

二、简答题

1. 位于 LVM 最底层的是物理卷还是卷组？
2. 什么是 LVM，为什么要使用它？

实验 7

【实验目的】
1. 熟悉逻辑卷的基本管理。
2. 掌握如何对逻辑卷增容。

【实验准备】

1. 在 VMware 中安装好一台 Linux 虚拟机。

2. Debian 操作系统的 DVD 安装盘(ISO 镜像文件)。

【实验步骤】

(1) 在 VMware 中添加一块 1GB 的磁盘。

(2) 启动 Linux 并使用 fdisk 命令对新磁盘进行分区，分区时指定文件系统类型为 LVM。分区结束后使用 fdisk-l 命令查看分区情况。

(3) 创建物理卷并使用 pvdisplay 命令查看。

(4) 创建卷组，卷组名为 vg+学号(如 vg06)，指定 PE 大小为 8MB。使用 vgdisplay 命令查看所创建的卷组并记录。

(5) 创建一个名为 lv+学号(如 lv06)的逻辑卷，大小为 200MB。使用 lvdisplay 命令查看所创建的逻辑卷并记录。

(6) 在/mnt/创建自己姓名拼音的目录。

(7) 将所创建的逻辑卷挂载到上述目录。

(8) 挂载好后，在目录中创建一个子目录或文件。

(9) 卸载所挂载的目录。

(10) 将逻辑卷的大小扩容到 400MB。使用 lvdisplay 命令查看所创建的逻辑卷并记录。

(11) 检查磁盘完整性并调整磁盘容量。

(12) 重新挂载逻辑卷并使用 df 命令查看挂载情况。

【实验总结】

1. 记录创建卷组后的情况。

2. 记录逻辑卷增容前后的情况。

任务 8　设置磁盘限额

 任务引入

某企业有一台文件服务器，其中/home 目录位于独立分区 sdb2。现在要限制员工使用该目录的空间，要求如下。

市场部(market 用户组)限制使用容量为 10GB，达到 9GB 时发出警告。市场部员工 geyu 和 shenfang 各为 1GB，且当他们磁盘使用容量达 800MB 时提出警告，警告宽限天数为 10 天。

任务实施流程

(1) 安装 quota 软件。

(2) 建立 quota 记录文件。

(3) 设置用户配额和用户组配额。

(4) 修改宽限天数。

(5) 设置自动挂载。

8.1 磁盘配额

1. 磁盘配额简介

磁盘配额是 Linux 系统中一种用来限制特定用户或用户组在指定的分区上占用磁盘空间或文件数的技术。

Linux 是多用户的操作系统，为防止某个用户或组访问服务器时占用过多的磁盘空间，系统管理员的重要工作之一是为访问服务器资源的用户设置磁盘配额，即在系统中通过索引节点数和磁盘区块数来限制用户和组群对磁盘空间的使用。

磁盘配额可限制用户，也可限制用户组的使用。磁盘配额所限制的用户或用户组只能是普通用户和用户组，不限制 root 用户。

磁盘配额只针对分区，而不能针对某个目录。假设/dev/sdb1 分区设置了磁盘配额，且/dev/sdb1 挂载到/home 目录，则/home 下的所有目录都会受到磁盘配额的限制。因此，要想实现对某目录的磁盘配额，该目录需要放到独立分区。

2. 磁盘配额相关术语

- blocks：指磁盘区块数，即用来限制用户或用户组可使用的磁盘容量。
- inode：指索引节点数，用来限制用户或用户组可创建的文件数。
- 软限制(soft)：最低限制量，超出此范围会发生警告，但在宽限时间内允许用户继续使用。
- 硬限制(hard)：用户使用时不能超过该限制。当达到硬限制时会提示用户，且强制终止用户的操作。
- 宽限时间：当用户的磁盘用量在 soft 和 hard 之间时，系统会给予警告，但会给用户一段时间自行管理磁盘，该时间即为宽限时间，系统默认为 7 天。

8.2 磁盘配额的设置

1. 安装 quota

```
[root@server ~]#apt-get install quota
```

2. 分区和格式化

可分别使用 fdisk 和 mkfs 命令对磁盘进行分区和格式化。注意，并非所有文件系统类型都支持 Linux 的磁盘配额，如 VFAT 文件系统就不支持。

例如，将新磁盘 sdb 分区为 sdb1 并格式化，文件系统类型为 ext4。

```
[root@server ~]#fdisk /dev/sdb
```

依次输入 n->p->回车->回车->回车->w。

```
[root@server ~]#mkfs -t ext4 /dev/sdb1
```

3. 挂载分区并对所选系统激活配额选项

1) 临时挂载

如果只需要临时挂载，可使用 mount 命令，则当系统重启后失效。

例如，将/dev/sdc1 挂载到/home 目录。

```
[root@server ~]#mount /dev/sdc1 /home
[root@server ~]#mount -o remount,usrquota,grpquota /home
```

2) 设置开机自动挂载

```
[root@server ~]#vim /etc/fstab
```

需要增加一行。

```
/dev/sdc1  /home  ext4  defaults,usrquota,grpquota  0  0
```

注意：

文件系统要使用配额需要在/etc/fstab 文件中的所选系统中添加 usrquota 和/或 grpquota 选项。/etc/fstab 文件在修改后需要重新挂载相应文件系统。

4. 建立 quota 记录文件

Linux 的磁盘配额是通过分析各分区的文件系统中每位用户(或用户组)拥有的文件总数和总容量得到的，Linux 会将其记录在各分区文件系统的根目录下的记录文件中，然后根据记录文件中用户账户(或用户组)的限制值去规范磁盘使用量。

检查磁盘的使用空间与限制使用 quotacheck 命令，该命令将扫描挂入系统的分区，并且在相应分区的文件系统根目录下建立 quota.user 和 quota.group 两个记录文件，用来设置用户和用户组的磁盘空间限制。

命令：quotacheck

格式：quotacheck [选项] [文件系统]

作用：检查磁盘的使用空间与限制，建立 quota 记录文件。

选项：-a——扫描在/etc/fstab 文件中加入 quota 设置的分区。

　　　-d——详细显示执行过程，便于排错。

　　　-g——检查用户组磁盘配额信息。

　　　-u——检查用户磁盘配额信息。

　　　-v——显示命令执行过程。

例如，在/etc/fstab 文件里对含有 quota 支持的分区进行扫描。

```
[root@server ~]#quotacheck -avug
```

5. 编辑特定用户或用户组的限制值和宽限时间

要为指定用户账户或用户组配置磁盘限额，需要以 root 账户执行 edquota 命令来设置用户(或用户组)的限制值。

命令：edquota

格式：edquota [选项] [用户名/用户组名]

作用：编辑用户(或用户组)的限值或宽限时间。

选项：-u——编辑用户的磁盘限额。

　　　-g——编辑用户组的磁盘限额。

　　　-t——修改宽限时间。

　　　-p <源用户名>——将源用户的磁盘限额复制给其他用户(组)。

使用 edquota 命令后，将进入如图 8.1 所示的编辑界面，以编辑磁盘限值。

图 8.1　编辑磁盘限制值

编辑界面中从左到右共有 7 个字段，意义分别如下。

● Filesystem：进行配额限制的分区系统。

● blocks：目前已使用的区块数量(磁盘空间大小)，单位为 KB，无须修改。

● soft：磁盘容量的软限额，单位为 KB。

● hard：磁盘容量的硬限额，即允许使用的最大容量，单位为 KB。

● inodes：目前已有文件数量，无须修改。

● soft：文件数量的软限额。

- hard：文件数量的硬限额。

通常需要编辑修改的是两个 soft 和两个 hard 值。

注意：

当 soft/hard 为 0 时，表示没有限制。另外，在编辑限制值时，每一行只要依次保持 7 个字段即可，并不需要与表头一一对齐。

例如，设置用户 user1(uid 为 1 011)的磁盘最大限额为 300MB，达到 250MB 时发出警告。

```
[root@server ~]#edquota -u user1
Disk quotas for user user1(uid 1011)
Filesystem   blocks   soft   hard   inodes   soft   hard
/dev/sdc2      80    250000 300000      10      0      0
```

再如，将 user1 的磁盘限值设置利用 quota 复制给用户 user2。

```
[root@server ~]#edquota -p user1 -u user2
```

6. quota 的启动与关闭

配置好 quota 后，可利用 quotaon 和 quotaoff 命令启动或关闭 quota 服务。

1) quotaon

格式： quotaon [选项] [文件系统]

作用： 启动 quota 服务。

选项： -u——开启用户的磁盘配额功能。

-g——开启用户组的磁盘配额功能。

-a——开启在/etc/fstab 文件中加入 quota 设置的分区的磁盘空间限制。若不加该选项，则应在命令中指明具体的文件系统。

-v——显示命令启动执行过程。

例如，启动整个文件系统的用户和用户组磁盘空间限制。

```
[root@server ~]#quotaon -auvg
```

再如，启动挂载到/var 目录上分区用户的磁盘空间限制。

```
[root@server ~]#quotaon -uv /var
```

说明：

quotaon -avug 命令一般仅在第一次启用 quota 时使用，后续启用时系统的 /etc/rc.d/rc.sysinit 初始化脚本将自动执行该命令。

2) quotaoff

格式：quotaoff [选项] [文件系统]

作用：可关闭用户/用户组的磁盘空间限制。

选项：-u——关闭用户的磁盘配额功能。

　　　　-g——关闭用户组的磁盘配额功能。

　　　　-a——关闭在/etc/fstab 文件中加入 quota 设置的分区的磁盘空间限制。

　　　　-v——显示命令启动执行过程。

例如，禁用/var 上启动的磁盘空间限制。

```
[root@server ~]#quotaon -uvg /var
```

7. 查询磁盘配额

对于建立好的磁盘配额，还需要能有效实现配额的查询，以掌握系统中磁盘配额的相关情况。查询磁盘配额可使用 quota 命令或 repquota 命令。

1) quota

格式：quota [选项] [用户名/用户组名]

作用：查询用户/用户组的磁盘配额。

选项：-u——查询用户的磁盘配额。

　　　　-g——查询用户组的磁盘配额。

　　　　-v——显示命令启动执行过程。

　　　　-s——以习惯单位显示容量大小，如 M、G 等。

例如，查询用户 wang 的磁盘配额情况。

```
[root@server ~]#quota -uvs wang
```

2) repquota

格式：repquota [选项] [文件系统]

作用：查询整个分区的磁盘配额情况。

选项：-u——查询用户的磁盘配额。

　　　　-g——查询用户组的磁盘配额。

　　　　-v——显示命令启动执行过程。

　　　　-s——以习惯单位显示容量大小，如 M、G 等。

例如，查询/dev/sdb1 的磁盘配额情况。

```
[root@server ~]#repquota /dev/sdb1
```

 **任务实施**

1. 编辑修改/etc/fstab 文件

```
[root@ debian ~]# echo "/dev/sdb2  /home ext4 defaults,usrquota, grpquota
0 0">>/etc/fstab
[root@ debian ~]#umount /home
[root@ debian ~]#mount -a
```

2. 安装 quota 服务

```
[root@ debian ~]# apt-get install quota
```

3. 建立 quota 记录文件

```
[root@ debian ~]#quotacheck -avug
```

4. 设置配额

```
[root@ debian ~]#edquota -u geyu
```
将 blocks 的 soft 和 hard 分别改为 800000 和 1000000。
```
[root@ debian ~]#edquota -p geyu -u shenfang
[root@ debian ~]#edquota -g market
```
将 blocks 的 soft 和 hard 分别改为 9000000 和 10000000。
```
[root@ debian ~]#edquota -t
```
将 Block grace period 由原来的 7days 改为 10days。

5. 启用 quota

```
[root@ debian ~]#quotaon -avug
```

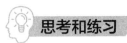 **思考和练习**

一、填空题

1. 磁盘配额可针对_____或_____两类使用者。

2. 可通过_____和_____来限制用户或用户组对磁盘空间的使用。

3. 当用户使用的磁盘空间超过_____值时可继续使用,但系统会发出警告。

4. 当磁盘使用量在 soft 和 hard 之间且宽限时间已超过,此时系统将_____使用磁盘空间。

二、选择题

1. 要修改默认的宽限时间，可在 edquota 命令中使用( )选项。
   A. -a B. -u C. -g D. -t

2. 若用 quotaon 命令启动用户组的磁盘限制，则在命令中应使用( )选项。
   A. -a B. -u C. -g D.-t

3. 若允许用户创建文件的数量最大不超过 100 个，则应编辑以下( )值。
   A. blocks 的 soft B. blocks 的 hard
   C. inodes 的 soft D. inodes 的 hard

4. 要查询整个文件系统的磁盘配额，则应使用( )命令。
   A. quota B. requota C. quotacheck D. edquota

实验 8

【实验目的】

1. 了解什么是磁盘配额。
2. 掌握设置用户和用户组的磁盘配额。

【实验准备】

1. 在 VMware 中安装好一台 Linux 虚拟机。
2. Debian 操作系统的 DVD 安装盘(ISO 镜像文件)。

【实验步骤】

(1) 在 VMware 中添加一块 1GB 的磁盘。

(2) 启动 Linux 并使用 fdisk 命令对新磁盘进行分区，同时挂载到/mydate 目录。

(3) 安装 quota。

(4) 使用 quotacheck 命令建立 quota 记录文件，使用 ls -l 命令查看/mydate 目录。

(5) 用自己姓名简拼以及姓名拼音全拼分别创建两个用户账户并激活。

(6) 编辑以姓名简拼命名的用户的磁盘限制，软限制为 80MB，硬限制为 200MB。

(7) 启用磁盘限制服务。

(8) 运行 repquota 命令查询磁盘配额。

(9) 将/mydate 目录的权限修改为 777。

(10) 将用户账户切换为以姓名简拼命名的用户。

(11) 使用 dd 命令，在/mydate 目录中写入分别为 100MB 和 110MB 大小的两个文件，观察测试过程(例：dd if=/dev/zero of=/mydate/file1 count=1 bs=100MB)。

(12) 将用户账户切换为以姓名拼音全拼命名的用户。

(13) 重复步骤(11)。

【实验总结】

1. 记录用 ls 命令查看 quota 记录文件的情况。

2. 记录 repquota 命令查询的磁盘配额情况。

3. 写出两次使用 dd 命令写入数据进行磁盘测试的情况。

∞ 项目四 ∞

网络组建与管理

任务 9　设置系统网络参数

任务引入

某公司网络管理员需要为 Debian 主机配置网络参数，使之连入公司局域网，具体要求如下。

- 服务器主机名设置为 WebServer。
- 网卡设置两个 IP 地址(192.168.1.10/24 和 192.168.1.100/24)，网关地址设置为 192.168.1.1。
- 设置 DNS 服务器的 IP 地址为 192.168.0.6，域为 example.com。

任务实施流程

(1) 修改网络配置文件。
(2) 重启网络。

9.1　vi 编辑器

Linux 系统中的配置文档几乎都是 ASCII 码的纯文字文档，如各种网络配置文件，因此，作为系统管理员，至少应该熟悉一种文本编辑工具。

Debian 图形界面下默认使用 gedit 编辑器编辑文本文档，gedit 是 GNOME 桌面环境下兼容 UTF-8 的文本编辑器，提供了可视化的操作窗口，类似于 Windows 下的记事本程序，十分简单易用。gedit 具有良好的语法高亮和标签编辑多个文件的功能，另外还支持包括多语言拼写检查功能的灵活的插件系统，可以动态地添加新特性。可以说，在图形界面情况下，使用 gedit 编辑器是很不错的选择。然而，有的系统管理员为了节省系统资源，可能并没有选择安装图形界面，即只有字符界面，那么这时该如何编辑系统中的文本呢？

Linux 提供的字符界面下的主流编辑器有 vi、Vim(vi 的增强版本)。vi 编辑器是 Linux 最基本的文本编辑工具，它虽然没有图形界面编辑器那样的简单操作，但在系统管理、服务器管理的字符界面中，却比图形界面的编辑器更有优势。作为系统管理员，应该掌握 vi 编辑器的使用方法。

9.1.1 vi 编辑器的工作模式

vi 编辑器只是文本编辑程序，并没有排版功能，工作在字符界面，没有菜单，只能通过命令进行文本编辑。vi 编辑器是多模式编辑器，有 3 种工作模式：命令模式、插入模式和末行模式。

1. 命令模式：执行命令

启动 vi 编辑器后即进入命令模式。在命令模式下，可以移动光标，通过命令执行删除、复制、粘贴等操作。

2. 插入模式：编辑文字

在命令模式下按 i、I、a、A、o、O、r、R 键可进入插入模式以输入文本，按 Esc 键可返回命令模式。

3. 末行模式：执行保存等命令

在命令模式下按 ":" "/" "?" 键可将光标移到最后一行，输入命令。

3 种模式之间的关系如图 9.1 所示。

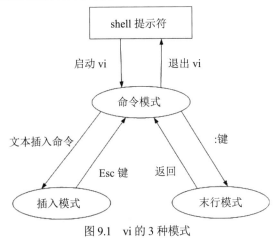

图 9.1　vi 的 3 种模式

9.1.2 vi 编程器的工作过程

使用 vi 编辑器编辑文件的一般过程可归纳为以下几个步骤。

1. 使用 vi 命令进入命令模式

要使用 vi 编辑器对/home/test.txt 文件进行编辑，可输入以下命令。

```
[root@debian ~]#vi /home/test.txt
```

即可进入 vi 的命令模式(如图 9.2 所示)，左下角显示文件的文件名和目前的状态。如果是新建的文件，会显示[new file]；如果是已经存在的文件，会显示文件的行数和字符数。

图 9.2 命令模式

在命令模式下，常用命令字符的含义如表 9.1 所示。

表 9.1 命令模式下的常用命令

字符	含义
上[↑]下[↓]左[←]右[→] 键	向相应方向移动一个字符
(数字)0	移动到一行的第一个字符
$	移动到一行的最后一个字符
G	移到文件的最后一行
nG	移到文件的第 n 行
n[Enter]	向下移动 n 行
x	向后删除一个字符
X	向前删除一个字符
nx	向后删除 n 个字符
dd	删除光标所在行
ndd	删除光标所在的向下 n 行

(续表)

字符	含义
yy	复制光标所在行
nyy	复制光标所在的向下 n 行
p	粘贴到光标所在的下一行
P	粘贴到光标所在的上一行

2. 进入插入模式，编辑文字

在命令模式下按 i、I、a、A、o、O、r、R 键即可进入插入模式以编辑文本，每个键的含义如表 9.2 所示。

表 9.2　进入插入模式

字符	含义
i	在光标所在位置的前面插入
I	在光标所在行的开头插入
a	在光标所在位置的后面插入
A	在光标所在行的后面插入
o	在光标所在行的下面新建一行插入
O	在光标所在行的上面新建一行插入
r	取代光标所在的字符插入
R	一直取代光标所在的字符，直到按 Esc 键

例如，按 i 键进入插入模式，输入文字(如图 9.3 所示)。

图 9.3　插入模式

3. 按 Esc 键返回命令模式

4. 进入末行模式，输入保存命令后退出

在命令模式下，按":"键，这时光标会移动到屏幕的最后一行，即进入末行模

式。输入相应命令字符并按 Enter 键离开 vi 编辑器。常用命令字符和含义如表 9.3 所示。

表 9.3 末行模式下的常用命令

字符	含义
:w	保存编辑的数据，但不退出 vi
:w [文件名]	另存文件
:w!	当文件属性为只读时，强制写入档案
:q	退出 vi
:q!	强制离开但不保存
:wq	保存后退出 vi
:wq!	强制保存后退出 vi

例如，:wq 命令将保存文件并退出 vi 编辑器(如图 9.4 所示)。

图 9.4 末行模式

9.2 利用配置文件设置网络

网络的配置是 Linux 主机进入网络的最基本配置，也是系统管理员进行网络管理的基础。在 Linux 系统中，网络的所有参数和配置都以配置文件的形式存在，一旦了解这些配置文件的位置和设置方法，就可以直接通过改写配置文件来设置网络。

1. /etc/hosts

这个文件包含本地网络中已知主机的列表，保存着主机名和 IP 地址的静态映射关系，用于本地的名称解析。如果网络中没有 DNS 且网络规模不大，可采用这种解析方式。对于简单的主机名解析(点分表示法)，在请求 DNS 或 NIS 网络名称服务器之前，/etc/hosts.conf 通常会告诉解析程序先查看这个文件。

文件格式：IP 地址 主机名 别名

例如，查看 hosts 文件的内容。

```
[root@debian ~]#cat /etc/hosts
127.0.0.1 localhost
127.0.0.1 debian
```

2. /etc/services

该文件是 Internet 网络服务文件，保存着各个网络服务的名称以及每个服务使用的传输协议、端口号的映射关系，由 inetd、telnet、tcpdump 和一些其他程序读取。文件中的每一行对应一种服务，由 3 个字段组成，中间用 Tab 或空格分隔，分别表示"服务名称""使用端口/协议名称"以及"别名"。

文件格式：服务名 端口/协议类型 别名

该文件内容较多，以下展示了默认配置的一部分。

```
tcpmux          1/tcp                   # TCP port service multiplexer
echo            7/tcp
echo            7/udp
discard         9/tcp           sink null
discard         9/udp           sink null
systat          11/tcp          users
daytime         13/tcp
daytime         13/udp
netstat         15/tcp
qotd            17/tcp          quote
msp             18/tcp                  # message send protocol
```

3. /etc/hostname

/etc/hostname 是主机名配置文件，该文件只有一行，记录着本机的主机名。

文件格式：主机名

例如，查询 hostname 文件的内容。

```
[root@debian ~]#cat /etc/hostname
debian
```

4. /etc/network/interfaces

/etc/network/interfaces 是网络接口参数配置文件。

以下展示了某双网卡 Linux 系统的 interfaces 文件配置。其中，网卡 ens33 分配静态 IP 地址，网卡 ens37 动态获取 IP 地址。

```
# The primary network interface
auto ens33
```

```
iface ens33 inet static
address 192.168.1.254
network 192.168.1.0
netmask 255.255.255.0
broadcast 192.168.1.255
gateway 192.168.1.1

auto ens37
iface ens37 inet dhcp
```

在上述配置文件中，各参数含义如下。

- ens33、ens37：网卡设备名称。
- auto ens33：设置让网卡开机自动挂载。
- iface ens33 inet static：为 ens33 配置静态 IP 地址。若将 static 换成 dhcp，则是配置通过 DHCP 动态获取。
- address：设置 IP 地址。
- network：设置网络地址。
- netmask：设置子网掩码。
- broadcast：设置广播地址。
- gateway：设置网关 IP 地址。

如果网卡(如 ens33)需要配置多个地址，可通过 ens33:1、ens33:2 等名称进行设置。

5. /etc/resolv.conf

该文件是 DNS 域名解析的配置文件，每行以关键字开头，后接配置参数。resolv.conf 的关键字主要有 4 个，含义分别如下。

- nameserver：定义 DNS 服务器的 IP 地址。
- domain：定义本地域名。
- search：定义域名的搜索列表。
- sortlist：对返回的域名排序。

例如，查看/etc/resolv.conf 文件的内容。

```
[root@debian ~]#cat /etc/resolv.conf
domain yzzd.com
nameserver 192.168.1.1
```

在/etc/resolv.conf 文件的配置中，最主要的关键字是 nameserver，也就是定义 DNS 服务器的 IP 地址，并且最多定义 3 个。其他关键字可选。

6. /etc/host.conf

当系统中同时存在 DNS 域名解析和/etc/hosts 主机表时,由该文件确定主机名的解析顺序。

下面是/etc/host.conf 文件的配置示例。

```
order hosts,bind        #名称解释顺序
multi on                #允许主机拥有多个 IP 地址
nospoof on              #禁止 IP 地址欺骗
```

其中,order 是关键字,定义主机名称解析的方法和顺序,包括hosts(使用/etc/hosts 文件解析)、bind(使用 DNS 解析)、nis(使用 NIS 解析)。上例是先从本地解析,然后通过 DNS 解析。

注意:
以上网络配置文件需要以 root 身份修改,普通用户只能查看。

9.3 利用命令管理网络

1. /etc/init.d/networking 脚本
这是系统启动时的初始化脚本,当系统以某个级别启动时,负责初始化所有已配置的网络接口。

当/etc/network/interfaces 等配置文件修改后,可重启该脚本以使修改生效。

```
[root@debian ~]#/etc/init.d/networking restart
```

2. ip addr 命令
格式 1: ip addr [show dev 接口]
作用:查看当前网络信息。
例如,查看所有网络地址信息。

```
[root@debian ~]#ip addr
1: lo: <LOOPBACK,UP,LOWER_UP> mtu 65536 qdisc noqueue state UNKNOWN
    link/loopback 00:00:00:00:00:00 brd 00:00:00:00:00:00
    inet 127.0.0.1/8 scope host lo
       valid_lft forever preferred_lft forever
    inet6 ::1/128 scope host
       valid_lft forever preferred_lft forever
2: ens33: <BROADCAST,MULTICAST,UP,LOWER_UP> mtu 1500 qdisc pfifo_fast state
UP qlen 1000
    link/ether 00:0c:29:bb:73:c3 brd ff:ff:ff:ff:ff:ff
    inet 192.168.2.1/24 brd 192.168.2.255 scope global ens33
       valid_lft forever preferred_lft forever
    inet6 fe80::20c:29ff:fee7:d708/64 scope link
       valid_lft forever preferred_lft forever
```

可以看出,物理网卡只有一块(即 ens33,lo 是本地回环网卡),该网卡的 MAC

地址(link/ether)为 00:0c:29:bb:73:c3，IP 地址(inet)为 192.168.2.1，广播地址(brd)为 192.168.2.255。<BROADCAST,MULTICAST,UP,LOWER_UP>表示可发送广播包 (BROADCAST)、组播包(MULTICAST)，目前的状态为 UP 启动状态，且已插好网线(LOWER_UP)。

再如，查看网卡 ens33 的网络地址信息。

```
[root@debian ~]#ip addr show dev ens33
```

格式 2：ip addr add(或 ip addr del) IP [dev 接口]

作用：给某网卡增加或删除一个 IP 地址。

例如，为 ens33 添加地址 192.168.1.2，子网掩码 24 位。

```
[root@debian ~]#ip addr add 192.168.1.2/24 dev ens33
```

3. ip route 命令

格式 1：ip route list(或 ip route show)

作用：显示路由信息。

格式 2：ip route add(或 ip route del) 目标网络　via　网关[dev 接口]

作用：添加或删除一条路由。

例如，增加一条到达主机 10.2.111.112 的路由，网关是 10.1.111.11。

```
[root@debian ~]#ip route add 10.2.111.112 via 10.1.111.111
```

再如，设置 192.168.2.0 网段的网关为 192.168.0.1，数据走 ens33 接口。

```
[root@debian ~]#ip route add 192.168.2.0/24 via 192.168.0.1 dev ens33
```

格式 3：ip route add(或 ip route del) default via　网关

作用：添加或删除一条默认路由。

例如，设置系统默认路由为 192.168.1.1。

```
[root@debian ~]#ip route add default via 192.168.1.1
```

再如，删除系统默认路由。

```
[root@debian ~]#ip route del default
```

格式 4：ip route flush

作用：清空路由表。

4. ifconfig 命令

格式：ifconfig [接口][选项][IP 地址]

作用：查看当前网络信息或配置网络接口。

说明：接口指网络设备名称。

选项：-a——代表所有接口(包含停用的接口)。

　　　up——启用指定的网络设备。

　　　down——关闭指定的网络设备。

　　　netmask——设置子网掩码。

不带任何参数的 ifconfig 命令可以查看当前有效接口的配置情况。

例如，显示系统中所有网卡的信息。

```
[root@debian ~]#ifconfig -a
```

显示系统中 ens33 网卡的信息。

```
[root@debian ~]#ifconfig ens33
```

启用网卡 eth0。

```
[root@debian ~]#ifconfig eth0 up
```

将网卡 ens33 的 IP 地址设置为 192.168.1.1/24。

```
[root@debian ~]#ifconfig ens33 192.168.1.1 netmask 255.255.255.0
```

注意：

通过 ifconfig 命令配置的网络接口参数仅当时有效，重启后失效。要使修改后的配置永久有效，需要修改相应的配置文件。

5. ifup 和 ifdown 命令

ifup 启用(激活)指定的网络接口，ifdown 禁用指定的网络接口。

格式：ifup(或 ifdown) <网络接口>

例如，禁用 eth1 网卡。

```
[root@debian ~]#ifdown eth1
```

6. route 命令

route 命令用于查看和动态修改系统当前的路由表信息，或者用于添加/删除网关 IP 地址。

格式：route [[add|del] default gw 网关 IP 地址 dev 网卡设备名] 或

　　　route [add|del] [[-net|-host] target [netmask Nm] [gw Gw] [dev]If]]

各字段含义如下。

- add：添加一条路由。
- del：删除一条路由。
- -net：路由目标 target 为网络。
- -host：路由目标 target 为主机。

- target：指定路由的网络目标。
- netmask：与网络目标相关的网络掩码。
- gw：路由的网关地址。
- dev：网卡设备名。

例如，查看本地路由信息。

```
[root@localhost ~]#route
```

设置默认网关为192.168.1.1。

```
[root@localhost ~]#route add default gw 192.168.1.1
```

使用 route 命令为经过网卡 ens33 到达 192.168.1.0 子网添加一条路由信息，网关地址为 192.168.1.1。

```
[root@localhost ~]# route add -net 192.168.1.0 netmask 255.255.255.0 gw
192.168.1.1 dev ens33
```

注意：

由于 Debian 11 仅支持 iproute2 而不再支持 net-tools 工具包，因此要使用该工具包中的 ifconfig、route、arp、netstat 等命令，必须先安装 net-tools 工具包。

7. ping 命令

ping 命令用于发送 ICMP 报文给目标主机，从而测试当前主机到目的主机的网络连接状态。

格式：ping [选项]

选项：-b——向广播地址发送报文。

　　　-c——发送指定数量的报文。

例如，向 192.168.1.1 发送 10 次报文。

```
[root@localhost ~]#ping –c 10 192.168.1.1
```

8. netstat 命令

netstat 命令用于报告当前网络的所有状态。

格式：netstat [选项]

选项：-l——显示正在监听的套接字。

　　　-p——显示每个套接字所属程序的名称和进程号。

　　　-n——使用 IP 地址和端口号代替主机名和所属进程号。

例如，显示正在监听的套接字并列出所属程序的名称和进程号。

```
[root@localhost ~]#netstat -lp
```

显示正在监听的套接字并使用 IP 地址和端口号来代替主机名和进程号。

```
[root@localhost ~]#netstat -ln
```

9. hostname 命令

hostname 命令用于显示和修改当前系统使用的主机名。

格式： hostname [选项] [主机名]

选项： -f——显示长格式的主机名。

例如，以长格式显示主机名。

```
[root@localhost ~]#hostname -f
```

将主机名设置为 test。

```
[root@localhost ~]#hostname test
```

10. traceroute 命令

traceroute 命令用于侦测主机到目的主机之间所经路由的情况。

格式： traceroute [选项] 主机名 ｜IP [packetlen]

选项： -n——直接使用 IP 地址而非主机名称。

　　　　-p——设置 UDP 的通信端口(默认为端口 33434)。

　　　　-q——设置 TTL 测试数目(默认为 3)。

　　　　packetlen——每次测试包的数据字节长度(默认为端口 38)。

 任务实施

1. 设置服务器主机名

```
[root@debian ~]#vi /etc/hostname
```

用 vi 编辑/etc/hostname 文件，输入以下内容。

```
WebServer
```

2. 设置网卡参数

```
[root@debian ~]#vi /etc/network/interfaces
```

用 vi 编辑/etc/network/interfaces 文件，输入以下内容。

```
auto lo
iface lo inet loopback
```

```
#The primary network interface
auto ens33
iface ens33 inet static
    address 192.168.1.10
    network 192.168.1.0
    netmask 255.255.255.0
    broadcast 192.168.1.255
    gateway 192.168.1.1
auto ens33:1
iface ens33:1 inet static
    address 192.168.1.100
    network 192.168.1.0
netmask 255.255.255.0
broadcast 192.168.1.255
gateway 192.168.1.1
```

3. 设置 DNS 服务器的 IP 地址

用 vi 编辑/etc/resolv.conf 文件，输入 DNS 服务器的 IP 地址等参数。

```
[root@debian ~]#vi/etc/resolv.conf
domain example.com
search example.com
nameserver 192.168.0.6
```

4. 重启计算机

```
[root@debian ~]#reboot
```

 思考和练习

一、填空题

1. 在 Debian Linux 中，将机器获取 IP 地址的方式由动态分配转变为固定 IP 时，需要修改的文件是_____。

2. ping 命令向被测试目的主机的地址发送_____报文并收取回应报文。

3. 存放主机名的配置文件是_____。

4. _____文件是 DNS 域名解析的配置文件。

二、选择题

1. 局域网的 IP 地址是 192.168.1.0/24，连接其他网络的网关地址是 192.168.1.1。

主机 192.168.1.20 访问 172.16.1.0/24 网络时，路由设置正确的是(　　)。

  A. ip route add 192.168.1.0/24 gw 192.168.1.1

  B. ip route add 172.16.1.0/24 via 192.168.1.1

  C. ip route add 172.16.1.0/24 via 172.16.1.1

  D. ip route add default 192.168.1.0/24 gw 172.168.1.1

 2. 以下不属于 ifconfig 命令作用范围的是(　　)。

  A. 配置本地回环地址　　　　　　B. 配置网卡的 IP 地址

  C. 激活网络适配器　　　　　　　D. 加载网卡到内核中

 3. 下列文件中，包含了主机名到 IP 地址的映射关系的是(　　)。

  A. /etc/hostname　　　　　　　B. /etc/hosts

  C. /etc/resolv.conf　　　　　　　D. /etc/networks

 4. 当与某远程网络连接不上时，就需要跟踪路由，以便了解网络的什么位置出现了问题，能满足该目的的命令是(　　)。

  A. ping　　　　　B. ifconfig　　　　C. traceroute　　　D. netstat

 5. 设置默认路由为 192.168.1.1 的命令是(　　)。

  A. route add 192.168.1.1　　　　　B. ip route add default via 192.168.1.1

  C. route add gw 192.168.1.1　　　　D. ip route add default 192.168.1.1

 6. 以下(　　)命令能用来显示服务器正在监听的端口。

  A. netstat　　　　B. route　　　　C. ifconfig　　　D. ping

 7. 为显示和改变当前主机的主机名，使用的命令是(　　)。

  A. hosts　　　　B. host　　　　C. hostname　　　D. host name

 8. 下列(　　)可为 ens33 设置 IP 地址 192.168.0.1/24。

  A. netcfg ens33 192.168.0.1/24

  B. ip addr add 192.168.0.1/24 dev ens33

  C. ip add ens33 192.168.0.1/24

  D. ifconfig add ens33 192.168.0.1/24

三、简答题

 1. 简述如何设置网络参数。

 2. ifconfig 命令的功能是什么？

实验 9

【实验目的】

 1. 掌握使用网络配置文件设置网络参数的方法。

 2. 熟悉常用网络命令的用法。

【实验准备】

安装有 Debina Linux 系统的虚拟机两台(PC1 和 PC2)。

【实验步骤】

(1) 安装 net-tools 软件包。

(2) 用 vi 编辑器修改 PC1 虚拟机的/etc/hostname 文件，将主机名设为自己姓名的汉语拼音并重启机器。用 hostname 命令查看修改后的主机名。

(3) 用 vi 编辑器修改 /etc/network/interfaces 文件，设置 PC1 的 IP 地址为 192.168.x.1/24(x 是学号后 2 位)，PC2 的 IP 地址为 192.168.x.2/24。网关的 IP 地址为 192.168.x.254。

(4) 使用 ping 命令测试 PC1 和 PC2 的连通性。

(5) 编辑/etc/resolv.conf 文件，设置 DNS 服务器的 IP 地址为 192.168.x.200。

(6) 重启网络服务，用 ip addr 命令查看网卡信息并记录。

(7) 使用 ifconfig 命令禁用 PC1 网卡并将 PC1 的 IP 设置为 192.168.x.11/24，激活网卡并用命令查看网卡参数。

(8) 使用命令查看当前路由表信息并记录。

(9) 使用 ip route 命令设置 PC1 的网关地址为 192.168.x.250。

【实验总结】

1. 写出相应配置文件的设置内容。

2. 记录 ifconfig 命令和 route 命令的查询结果。

3. 思考使用命令设置网络参数与修改相应配置文件有何区别。

任务 10　配置 DHCP 服务器

任务引入

某企业内部网的网络管理员为简化网络管理，拟采用 DHCP 方式为公司的计算机自动分配 IP 地址及相关网络参数。网络参数要求如下。

- 客户机所在的域名为 test.com。
- DHCP 和 DNS 在同一服务器，IP 地址是 192.168.1.2。
- 默认租期为 40 小时，最长租期为 80 小时。
- 客户机可分配的 IP 范围为 192.168.1.10~192.168.1.100。
- 为客户机指定网关为 192.168.1.1。
- 广播地址为 192.168.1.255。

- 为经理的计算机(主机名为 boss，MAC 地址为 00:0c:29:12:6f:8c)分配固定 IP 地址 192.168.1.15。

 任务实施流程

(1) 为 DHCP 服务器设置网络参数
(2) 安装 DHCP 服务器软件。
(3) 配置 DHCP 服务器。
(4) 配置 DHCP 客户机。

10.1   DHCP 原理

在使用 TCP/IP 的网络中，每一台主机都必须拥有唯一的 IP 地址，并且通过该地址与网络上的其他主机通信。为简化 IP 地址分配，可以通过 DHCP(Dynamic Host Configuration Protocol)服务器为网络上的其他主机自动配置 IP 地址与相关的 TCP/IP 设置。

10.1.1   IP 地址的配置

在使用 TCP/IP 的网络上，每台主机可以采用以下两种方式获取 IP 地址与相关配置。

1. 手动配置

由网络管理员手动对每台计算机进行配置，比较适合网络规模较小的网络或是网络服务器等需要固定 IP 地址的情况。如果是大型网络，那么为客户机分配和管理 IP 地址的工作将需要大量的时间和精力，而且管理效率低，容易出错。

2. 动态配置

网络上的机器不再需要手动配置网络参数，而是由 DHCP 服务器自动配置 IP 地址及相关参数。

动态配置具有以下优点。

- 安全可靠：避免了手动配置产生的错误，也避免了 IP 地址发生冲突。
- 网络配置自动化：可以自动实现网络的配置。
- 有利于移动用户使用网络：使用笔记本电脑的用户移动地点时可自动分配相应网络的参数，无须管理员配置。

10.1.2 DHCP 的体系结构

在使用 DHCP 服务时,网络中至少要有一台服务器配置 DHCP 服务,其他要使用 DHCP 服务的客户机必须设置为利用 DHCP 获得 IP 地址,如图 10.1 所示。

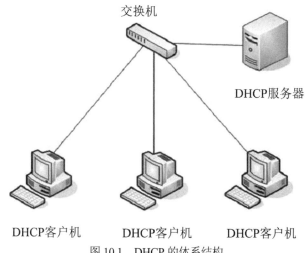

图 10.1 DHCP 的体系结构

10.1.3 DHCP 的工作原理

1. DHCP 客户机初始化租约的过程

DHCP 服务采用基于客户机/服务器的工作模式,DHCP 客户机与 DHCP 服务器之间相互通信以获得 IP 地址租约,租约过程如图 10.2 所示。

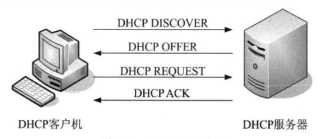

图 10.2 DHCP 租约过程

DHCP 地址分配过程分为 4 个阶段。

(1) DHCP 客户机发送广播消息 DHCP DISCOVER 以寻找 DHCP 服务器。

(2) DHCP 服务器发送广播 DHCP OFFER 以响应 DHCP 客户机的请求。

(3) DHCP 客户机会检查得到的 IP 信息是否完整并发送广播信息 DHCP REQUEST 以通知 DHCP 服务器已获得 IP 地址。

(4) DHCP 服务器发送广播消息 DHCP ACK 以确认客户机的请求,表示分配成功。

2. DHCP 客户机更新租约

DHCP 服务器向 DHCP 客户机出租的 IP 地址一般分为以下两类。

- 永久租用：DHCP 客户机从 DHCP 服务器获得的 IP 地址将永远分配给这个
  DHCP 客户机。
- 限定租约期限：DHCP 客户机从 DHCP 服务器获得的 IP 地址有一定的租约
  期限(默认是 8 天)。租约期限到时，DHCP 服务器将回收该 IP 地址。如果
  DHCP 客户机要延长 IP 租约，则需要更新租约，如图 10.3 所示。

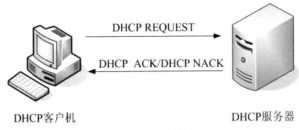

图 10.3　更新租约

更新租约的过程如下。

(1) 每次 DHCP 客户机重新启动时，都会自动利用广播的方式，向 DHCP 服务器发送 DHCP REQUEST 以更新信息，要求继续租用原来的 IP 地址。

(2) 到达租约期限的一半时，DHCP 客户机向原始 DHCP 服务器发送 DHCP REQUEST 请求服务器更新租约。如果 DHCP 服务器接受请求，则回复 DHCP ACK 消息；否则回复 DHCP NACK 消息。此时，DHCP 客户机发送 DHCP DISCOVER 寻找 DCHP 服务器以重新分配 IP。

(3) 如果原始 DHCP 服务器没有响应，到达租约期限的 87.5% 时，DHCP 客户机将再次向原始 DHCP 服务器发送 DHCP REQUEST 请求更新租约。如果仍没有得到回复，DHCP 客户机将发送 DHCP DISCOVER 消息寻找 DCHP 服务器重新分配 IP。

10.2　DHCP 服务器的安装和配置

10.2.1　安装和启动 DHCP 服务器

要在 Debian 下安装 DHCP 服务器，可以通过以下命令实现。

```
[root@server ~]#apt-get install isc-dhcp-server
```

DHCP 服务器安装好后，可以通过以下命令查看 DHCP 服务。

```
[root@server ~]#/etc/init.d/isc-dhcp-server status
Status of ISC DHCP server: dhcpd is not running
```

可以看出，因为当前还没有配置 DHCP 服务器，所以并没有启动。在配置好

DHCP 服务后，可以通过以下命令启用 DHCP 服务。

```
[root@server ~]#/etc/init.d/isc-dhcp-server start
```

或者通过以下命令停止 DHCP 服务。

```
[root@server ~]#/etc/init.d/isc-dhcp-server stop
```

10.2.2　配置 dhcpd.conf 文件

Debian，中 DHCP 服务的配置文件位于/etc/dhcp/dhcpd.conf，该文件默认情况下只有 root 用户有修改权限。可以通过修改该文件来配置 DHCP 服务器。

dhcpd.conf 文件通常分为全局配置和局部配置。其中，全局配置是放在所有局部配置之上的选项/参数，作用范围是整个 DHCP 服务器；局部配置是只针对某个范围内的主机的配置。dhcpd.conf 文件的格式如下。

```
#全局配置
选项/参数          //服务器选项，对整个服务器有效
#局部配置
声明 {
  选项/参数        //作用域选项，只在声明范围内有效
}
```

1. 主要声明项

1) subnet　网络号　netmask　子网掩码　{...}

作用：定义子网(定义作用域)。

说明：网络号必须与服务器的网络号相同。

例如，有一台 DHCP 服务器(IP 地址为 192.168.1.1)。在 DHCP 配置中定义子网192.168.1.0/24。

```
subnet 192.168.1.0 netmask 255.255.255.0
{
  ...
}
```

2) host 主机名{...}

作用：为指定主机定义保留 IP 地址。

说明：该项设置通常可放在 subnet 声明中。

3) group {...}

作用：定义组参数。

说明：常用于包含 host 声明和 subnet 声明。

4) shared-network　名称　{...}

作用：设置 DHCP 服务器的多个 IP 子网共享同一物理网络。

说明：常用于包含多个 subnet 声明。

2. 常用选项

1) option domain-name "域名";

作用：为客户机指明 DNS 域名。

2) option domain-name-servers　IP 地址[,IP 地址…];

作用：指定客户机的 DNS 服务器的地址。

3) option host-name"主机名";

作用：为客户机指定主机名。

4) option routers　IP 地址[,IP 地址…];

作用：为客户机指定默认网关。

5) option netbios-name-servers IP 地址[，IP 地址……];

作用：为客户机指定 WINS 服务器地址。

6) option broadcast-address 广播地址;

作用：设置客户机的广播地址。

7) option subnet-mask 子网掩码;

作用：设置客户机的子网掩码。

8) option nis-domain "名称";

作用：定义客户机所属 NIS 域的名称。

说明：该选项只对 UNIX/Linux 客户机有效。

9) option nis-servers　IP 地址[,IP 地址…];

作用：定义客户机的 NIS 域服务器的地址。

说明：该选项只对 UNIX/Linux 客户机有效。

3. 常用参数

1) range 起始 IP 地址 终止 IP 地址;

作用：定义作用域范围。

说明：subnet 声明中至少有一个 range，一个 subnet 中也可以有多个 range，但
多个 range 中定义的 IP 范围不能重复。

2) ddns-update-style (none/ad-hoc/interim);

作用：定义支持的动态更新类型。

说明：none——表示不支持动态更新。

ad-hoc——表示特殊 DNS 更新模式。

interim——表示 DNS 互动更新模式。

(3) ignore client-updates;

作用：忽略客户机更新。

说明：该选项只能作为服务器选项。

(4) default-lease-time 数字;

作用：指定默认地址租约。

说明：可以作为服务器选项和作用域选项，默认单位为秒。

(5) max-lease-time 数字;

作用：指定最长的地址租期。

说明：可以作为服务器选项和作用域选项，默认单位为秒。

例如，设置默认租期为 40 小时，最大租期为 80 小时。

```
default-lease-time  144000;
max-lease-time    288000;
```

(6) hardware 硬件类型 硬件地址;

作用：指定硬件接口类型及硬件地址。

说明：硬件类型可以取 ethernet/token-ring，硬件地址为网卡的 MAC 地址。该选项只能用于 host 声明中。

(7) fixed-address IP 地址;

作用：定义 DHCP 客户机保留的 IP 地址。

说明：该选项只能用于 host 声明中。

在 DHCP 配置中，利用 host 声明以及 hardware 和 fixed-address 参数可实现 IP 地址的绑定。

例如，为主机名为 PC1 的客户机(物理地址为 CC:AA:12:78:CD:23)设置保留 IP 地址 192.168.1.15。

```
host PC1
{
  hardware ethernet CC:AA:12:78:CD:23;
  fixed-address 192.168.1.15;
}
```

(8) server-name 主机名;

作用：通知 DHCP 客户机服务器的主机名。

(9) authoritative

作用：拒绝不正确的 IP 地址要求。

例如，某企业的市场部有 40 台计算机，公司网管欲为该部门分配 IP 地址段 192.168.1.10~192.168.1.60，默认租期为 40 小时，最大租期为 80 小时，网关地址为 192.168.1.1，DNS 服务器地址为 202.195.48.10，为部门经理(主机名为 boss，网卡的 MAC 地址为 00:0c:1a:29:bc:23)设置保留地址为 192.168.1.12。实现方式如下。

```
[root@server ~]#vim /etc/dhcp/dhcpd.conf
option routers              192.168.1.1;
option domain-name-servers   202.195.48.10;
```

```
subnet 192.168.1.0 netmask    255.255.255.0
{
  range 192.168.1.10          192.168.1.60;
  option subnet-mask          255.255.255.0;
  default-lease-time          144000;
  max-lease-time              288000;

  host boss
  {
    hardware ethernet         00:0c:1a:29:bc:23;
    fixed-address             192.168.1.12;
  }
}
```

10.2.3 DHCP 租约文件和服务器配置检测

1. DHCP 租约文件

/var/lib/dhcpd/dhcpd.leases 是 DHCP 服务器的租约数据库文件，其中保存着 DHCP 客户机的主机名、MAC 地址、租用的 IP 地址、租约期限等相关信息。通过查看租约文件，可了解 DHCP 客户机的租用信息和租约的变化信息。

简单的租约数据库文件示例如下。

```
lease 192.168.1.12{                          //某客户机租约的 IP 地址
  starts 2 2012/9/18 06:30:23;               //开始时间
  ends 2 2012/9/18 12:30:23;                 //结束时间

  binding state active;
  hardware ethernet 00:1e:65:da:95:3c;       //客户机 MAC 地址
  uid "\001\000\036e\332\225<";              //用来验证客户机的 UID 标识
}
```

2. 检测 DHCP 配置

如果遇到 DHCP 服务无法启动，可使用 dhcpd 命令进行检测。dhcpd 会根据对配置文件的检测显示相关结果并据此可判断配置是否正常。如果出错，将显示出错位置。

例如，使用 dhcpd 命令检测 DHCP 配置。

```
[root@server ~]# dhcpd
Internet Systems Consortium DHCP Server 4.1.1-P1
Copyright 2004-2010 Internet Systems Consortium.
All rights reserved.
For info,please visit https://www.isc.org/software/dhcp/
Wrote 0 deleted host decls to leases file.
Wrote 0 new dynamic host decls to leases file.
```

```
Wrote 3 leases to leases file.
Listening on LPF/eth0/00:0c:29:73:88:ac/192.168.0.0/24
Sending on   LPF/eth0/00:0c:29:73:88:ac/192.168.0.0/24
Sending on   Socket/fallback/fallback-net
[root@server:~]# There's already a DHCP server running.
```

出现 There's already a DHCP server running 这句话表示 DHCP 服务已正常启动。下面是配置文件出错时的显示信息。

```
Internet Systems Consortium DHCP Server 4.1.1-P1
Copyright 2004-2010 Internet Systems Consortium.
All rights reserved.
For info, please visit https://www.isc.org/software/dhcp/
/etc/dhcp/dhcpd.conf line 10: semicolon expected.
  ranges 192.
         ^
Configuration file errors encountered - exiting
```

可以看出，错误出现在第 10 行 ranges 处。

10.3　配置 DHCP 客户机

1. Linux 客户机配置

对于 Linux 客户机，只需要将客户机的网卡设置为 DHCP 动态配置网卡。可以通过修改客户机的/etc/network/interfaces 文件实现。

例如，客户机的网卡为 eth35，修改 interfaces 文件如下。

```
auto ens35
iface ens35 inet dhcp
```

重新启动网络后，可以通过 ifconfig 命令查看客户机获得的 IP 信息。如果想释放当前获得的 IP 并重新申请 IP，可以使用以下命令。

```
[root@server ~]#dhclient -r ens35        //释放 IP
[root@server ~]#dhclient ens35           //获取 IP
```

2. Windows 客户机配置

对于 Windows 客户机，同样只需要将客户机的网卡设置为自动获得即可。以 Windows 10 为例，选择【开始】→【Windows 系统】→【控制面板】，在打开的【控制面板】窗口中选择【网络和 Internet】下的"查看网络状态和任务"。在打开的窗口中单击【更改适配器设置】并在打开的窗口中右击想要设置的网络适配器，选择【属性】，将打开【以太网 属性】对话框(如图 10.4 所示)。

在【以太网 属性】对话框的列表框中选择【Internet 协议版本 4(TCP/IPv4)】，

单击【属性】按钮，打开【Internet 协议版本 4(TCP/IPv4) 属性】对话框。

在【Internet 协议版本 4(TCP/IPv4) 属性】对话框中，选中【自动获得 IP 地址】和【自动获得 DNS 服务器地址】，然后单击【确定】完成设置(如图 10.5 所示)。

图 10.4　【以太网 属性】对话框　　　图 10.5　【Internet 协议版本 4 (TCP/IP) 属性】对话框

配置完成后，如要查看客户机获得的 IP 地址信息，可以打开【开始】→【Windows 系统】→【命令提示符】窗口，在提示符后执行 ipconfig/all 命令，即可查看客户机的 IP 地址的租约情况。

另外，还可以通过 ipconfig/release 命令释放 IP 地址租约，通过 ipconfig/renew 命令重新获得 IP 地址。

 任务实施

根据任务要求，分别设置 DHCP 服务器和 DHCP 客户机。

1. 配置 DHCP 服务器网络参数

```
[root@ server ~]#vi /etc/network/interfaces
auto ens33
iface  ens33     inet  static
address          192.168.1.2
network          192.168.1.0
netmask          255.255.255.0
broadcast        192.168.1.255
gateway          192.168.1.1
```

2. 安装 DHCP 服务

```
[root@server ~]#apt-get install isc-dhcp-server
```

3. 配置 DHCP 服务器

用 vi 命令编辑 DHCP 服务器的配置文件/etc/dhcp/dhcpd.conf。

```
[root@server ~]#vi /etc/dhcp/dhcpd.conf
```

输入配置如下。

```
#global option
option domain-name "test.com";
option domain-name-servers 192.168.1.2;
option routers 192.168.1.1;
option broadcast-address 192.168.1.255;
authoritative;

#local option
subnet 192.168.1.0 netmask 255.255.255.0
{
  range 192.168.1.10  192.168.1.100;
  default-lease-time 144000;
  max-lease-time 288000;
  host boss
  {
    hardware ethernet  00:0c:29:12:6f:8c;
    fixed-address 192.168.1.15;
  }
}
```

4. 启用 DHCP 服务

```
[root@server ~]#/etc/init.d/isc-dhcp-server start
Starting ISC DHCP server:dhcpd
```

5. 配置 DHCP 客户机

以 MAC 地址为 00:0c:29:12:6f:8c 的 boss 客户机为例，将客户机的网卡设置为 DHCP 动态配置网卡。

```
[root@boss ~]#vi /etc/network/interfaces
auto ens33
iface ens33 inet dhcp
```

然后通过 ifconfig 命令查看客户机获得的 IP 信息。

```
ens33: flag=4163<UP,BROADCAST,RUNNING,MULTICAST> mtu 1500
inet  192.168.1.15  netmask:255.255.255.0  broadcast:192.168.1.255
inet6  fe80::20c:29ff:fe12:6f8c  prefixlen 64 scopeid 0x20<link>
ether  00:0c:29:12:6f:8c  txqueuelen 1000  (Ethernet)
RX packets 0  bytes 0 (0.0 B)
RX errors 0  dropped 0  overruns 0  frame 0
TX packets 114  bytes 15475 (15.1 KiB)
TX errors 0  dropped 0  overruns 0  carrier 0  collisions 0
```

可以看出，这台 DHCP 客户机获得的固定 IP 地址为 192.168.1.15，说明 DHCP 服务器工作正常。

 思考和练习

一、填空题

1. DHCP 可以实现动态＿＿＿＿＿＿＿＿＿地址分配。

2. Debian Linux 下 DHCP 服务器的主配置文件是＿＿＿＿＿＿＿＿＿＿＿＿＿＿。

3. 启动 DHCP 服务的命令是＿＿＿＿＿＿＿＿＿＿＿＿＿＿＿＿＿。

二、选择题

1. 以下用来实现 IP 地址自动分配的协议是(　　)。

　　A. smpt 　　　　　B. arp 　　　　　C. dhcp 　　　　　D. http

2. 在 dhcpd.conf 配置中，用来指定动态 IP 地址范围的是(　　)。

　　A. address 　　　B. ipaddr 　　　　C. range 　　　　D. fixed-address

3. 在 dhcpd.conf 配置中，用来给客户机指定域名的是(　　)。

　　A. option domain 　　　　　　　　B. option domain-name

　　C. option domain-name-servers 　　D. option nis-domain

4. DHCP 默认租约文件保存在(　　)目录中。

　　A. /etc 　　　　　B. /etc/dhcp 　　C. /var/dhcpd 　　D. /var/lib/dhcpd

5. DHCP 用来测试配置文件的命令是(　　)。

　　A. test 　　　　　B. testparm 　　　C. dhcpd 　　　　D. release

三、简答题

1. 什么是 DHCP？DHCP 的功能是什么？DHCP 的工作原理是什么?

2. 请分析下列 DHCP 服务器配置文件中的代码。

```
subnet 192.168.168.0 netmask 255.255.255.0 {
   range 192.168.168.3 192.168.168.103;
   option routers 192.168.168.2;
```

```
      option broadcast-address 192.168.168.255;
    default-lease-time 144000;
      max-lease-time 288000;
}
    host usera {
      hardware  ethernet  01:02:03:04:05:06;
      fixed-address 192.168.168.5;
}
```

3. 请按照以下要求写出 DHCP 服务器的配置文件。

- 不支持 DNS 动态更新，并且忽略客户机的更新。
- 服务器的默认地址租约为 3 600 秒，最大地址租约为 7 200 秒。
- 所有作用域的客户机域名后缀为abc.com，DNS 服务器地址为192.168.0.254。
- 所有作用域的客户机默认网关地址为 192.168.0.1。
- 定义作用域子网 192.168.0.0，地址掩码为 255.255.255.0，地址范围为 192.168.0.2~192.168.0.250。
- 保留 192.168.0.0 子网中的 192.168.0.8 给以太网卡物理地址为 00:E0:4C:70: 33:65 的客户机。

实验 10

【实验目的】

1. 了解 DHCP 服务器的工作原理。
2. 熟悉 DHCP 服务器的安装与配置。

【实验准备】

1. 在 VMware 中安装好一台 Windows 虚拟机、两台 Debian Linux 虚拟机(其中一台主机名为 Server，另一台为 Client)，所有虚拟机网卡均设置为"仅主机"方式。

2. Debian 操作系统的 DVD 安装盘(ISO 镜像文件)。

【实验步骤】

(1) 在 Server 计算机的 Linux 系统中安装 DHCP 服务器软件，设置 IP 地址为 192.168.x.2(x 为学号后 2 位)，其他两台虚拟机系统的网卡设置为自动获取 IP 地址。

(2) 打开并编辑/etc/dhcpd.conf 文件，具体要求如下。

- 配置 DNS 服务器的 IP 地址为 192.168.x.2(x 为学号后 2 位)。
- 配置默认租约为 21 600 秒。
- 最大租约为 86 400 秒。
- 配置管理 IP 地址的子网为 192.168.x.0/24。
- 配置地址范围为 192.168.x.10~192.168.1.20。

- 配置网关为 192.168.x.1。

(3) 查询 Windows 系统网卡的物理地址，为其配置固定 IP 地址为 192.168.x.15。

(4) 使用 dhcpd 命令检测 DHCP 服务器的配置。

(5) 重新启动 DHCP 服务。

(6) 使用# netstat -nutap grep dhcpd 命令，检查 dhcpd 运行的端口。

(7) 分别在 Winodws 和 Linux 客户机上使用命令查看本机网卡的 IP 地址。

(8) 打开 DHCP 服务器的/var/lib/dhcp/dhcpde.lease 租约文件，查看租约情况并与客户机参数对比。

【实验总结】

1. 记录在客户端查询 MAC 地址的机器名与 MAC 地址。

2. 记录 dhcpd.conf 文件的配置代码。

3. 记录在客户端查询到的 IP 地址信息及服务器端的租约信息。

4. 思考 DHCP 服务通常应用在什么样的场合。

任务 11　配置网关服务器

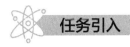

任务引入

某企业内网使用 Linux 主机作为服务器连接 Internet，如图 11.1 所示。外网地址为固定地址 112.84.136.18，内部主机使用 192.168.0.0/24 网段。现要求内部主机能访问 Internet，而外部主机仅能访问 Web 服务器。

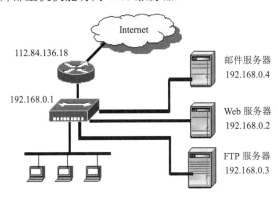

图 11.1　企业网络拓扑

任务实施流程

(1) 分别设置各服务器和主机的网络参数。

(2) 开启 Linux 包转发功能。

(3) 设置 NAT。

(4) 设置防火墙基本策略。

11.1　NAT 服务器

11.1.1　NAT 转换原理

NAT(Network Address Translation，网络地址转换)是广域网(WAN)接入技术的一种，用于将私有(保留)地址转换为合法 IP 地址，被广泛应用于各种类型的 Internet 接入方式和网络中。

企业网通常会与 Internet 相连。在企业网内访问 Internet 时，每一台计算机都必须有唯一合法的 IP 地址。随着 Internet 的飞速发展，IPv4 地址资源基本耗尽，一般企业仅有有限的几个公有 IP 地址(或只有动态 IP 地址)。企业网内部通常采用私有 IP，如果希望内部设备能正常访问外网，就必须进行网络地址转换。

小知识：

私有地址共有 3 个 IP 地址块。

- A 类：10.0.0.0 ~ 10.255.255.255。
- B 类：172.16.0.0 ~ 172.31.255.255。
- C 类：192.168.0.0 ~ 192.168.255.255。

在图 11.2 中，PC1 是企业内部网中的一台计算机，IP 地址为 192.168.0.18。现要访问外网中的 PC3(IP 地址为 122.195.93.12)。如果直接利用路由对外网进行访问，由于 PC1 使用的是 Internet 上的保留地址，会被路由器过滤，因此无法访问 Internet 资源。需要利用 PC2 服务器中 Linux 操作系统提供的网络地址转换功能。

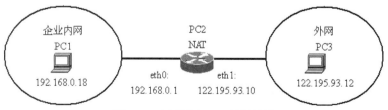

图 11.2　内网通过 NAT 访问外网

PC1 访问 PC3 中数据包的过程如下(如图 11.3 所示)。

(1) 在 PC1 发出的数据包中，源 IP 地址为 192.168.0.18，目的 IP 地址为 122.195.93.12。由于源和目的 IP 地址不在同一网络，因此数据包发向 PC1 设置的网关 192.168.0.1。

(2) PC2 通过接口 eth0 接收数据包，并根据 NAT 转换规则将数据包中的源 IP 地址修改为 122.195.93.10。

(3) PC2 将修改后的数据包通过接口 eth1 发给 PC3，数据包的源 IP 地址为 122.195.93.10，目的 IP 地址为 122.195.93.12。

(4) PC3 接收到数据包，认为是 PC2 的请求并向 PC2 应答，应答数据包的源 IP 地址为 122.195.93.12，目的 IP 地址为 122.195.93.10。

(5) PC2 接收到数据后，进行 NAT 转换，将目的 IP 地址改为 192.168.0.18，源 IP 地址保持不变。

(6) PC2 向 PC1 转发来自 PC3 的数据包，数据包的源 IP 地址为 122.195.93.12，目的 IP 地址为 192.168.0.18。

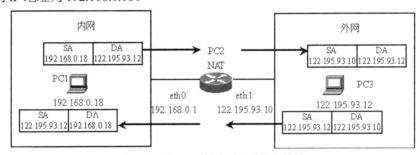

图 11.3　经 NAT 转换后的数据包地址

可见，通过 NAT 可以实现多台计算机共享 Internet 连接，只申请单个合法的 IP 地址，就可将整个局域网中的计算机接入 Internet，这样可以减少申请多个 IP 地址的成本支出。由于 NAT 屏蔽了内部网络，因此所有内部计算机对于外网来说都是不可见的，而内部网的计算机用户也不会意识到 NAT 的存在。因而，NAT 不仅完美地解决了 IP 地址不足的问题，而且还能够有效地避免来自网络外部的攻击，隐藏并保护网络内部的计算机，这是当前企业网连接 Internet 的常用方法。

Linux 系统的 NAT 功能是由 iptables 利用 nat 表实现的。

11.1.2 设置 NAT 服务器

1. 配置服务器的网卡参数

在本任务中，网关服务器有两块网卡，内网和外网的 IP 地址分别为 192.168.0.1 和 112.84.136.18，可通过修改配置文件 interfaces 进行设置。

```
[root@server ~]#vim /etc/network/interfaces
```

打开/etc/network/interfaces 文件，进行以下设置。

```
auto ens33
iface ens33    inet static
address        192.168.0.1
network        192.168.0.0
netmask        255.255.255.0
broadcast      192.168.0.255

auto ens37
iface ens37    inet static
address        112.84.136.18
network        112.84.136.0
netmask        255.255.255.0
broadcast      112.84.136.255
```

2. 开启包转发功能

为开启 Linux 的路由功能，需要设置数据包的转发。设置由/proc/sys/net/ipv4/目录下的 ip_forword 文件实现，这是文本文件，可通过命令查询内容。

```
[root@server ~]#cat /proc/sys/net/ipv4/ip_forword
```

如果文件内容显示为 0，则表示禁止数据包转发；如果为 1，则表示允许数据包转发。系统默认为 0，即禁止数据包转发。要开启包转发功能，只需要将 ip_forword 文件的内容设置为 1，命令如下。

```
[root@server ~]#echo "1">/proc/sys/net/ipv4/ip_forword
```

3. 设置规则

要想实现 NAT，需要在服务器中设置规则以过滤通过的 IP 信息包。在 Linux 系统中可以通过 iptables 实现，iptables 不仅可实现 NAT，还用于设置相应的策略实现网络防火墙。

11.2　防火墙

11.2.1　防火墙简介

"防火墙"是一种特殊的访问控制设施，是一道介于内部网络和 Internet 之间的安全屏障。防火墙的基本功能是根据各种网络安全策略的要求，对流经的网络通信数据进行筛选和屏蔽，从而保护内部网络数据的安全。

防火墙作为内部网与外部网之间的访问控制设备，通常安装在内部网和外部网的交界点上。它既可以是一组硬件，也可以是一组软件，还可以是软件和硬件的组合。Linux 系统中集成了一个 IP 信息包过滤系统，用户利用它可以方便地为系统设置访问策略，从而实现防火墙功能。

11.2.2　iptables 简介

iptables 是与 Linux 内核集成的 IP 信息包过滤系统，称为 netfilter/iptables IP 信息包过滤系统。通过该系统，可以在 Linux 系统上更好地控制 IP 信息包过滤和防火墙配置。

netfilter/iptables IP 信息包过滤系统由 netfilter 和 iptables 两个组件组成。netfilter 也称为内核空间，是集成在内核中的一部分，由信息包过滤表组成，用于定义和保存相应的规则。iptables 是一种工具，也称为用户空间，用于修改信息的过滤规则及其他配置。用户可以通过 iptables 来设置适合当前环境的规则，而这些规则将保存在内核空间中。

使用 netfilter/iptables 可以配置有状态的防火墙，使用户完全控制防火墙配置和信息包过滤。用户可以定制自己的规则以满足特定需求，从而只允许想要的网络流量进入系统。其次，使用 netfilter/iptables 可以方便地实现 NAT 功能和透明代理功能。

另外，netfilter/iptables 是免费的，可以降低中小企业的网络使用成本。

11.2.3　iptables 的工作原理

netfilter/iptables IP 信息包过滤系统是利用规则来设置数据包过滤的具体条件。若干条规则组成规则链，若干条链又组成信息包过滤表。netfilter 组件就是由一系列的"表"组成，因此 netfilter 是表的容器，表是链的容器，而链则是规则的容器。

1. 规则

规则是用来设置过滤数据包的具体条件，每条规则应指定所要检查的数据包的特征(匹配条件)以及如何处理与之相匹配的包，这被称为目标动作。

(1) 匹配

iptables 规则通常根据 address、port、protocot 等条件进行比对(见表 11.1)。

表 11.1　常用 iptables 规则的匹配条件

条件	说明
address	数据包内的地址。可以是源地址、目的地址或网卡物理地址
port	端口号。可以是源端口或目的端口
protocol	通信协议。可以是 TCP、UDP、ICMP 等
interface	接口。数据包接收或输出的网络适配器(网卡)名称

(2) 目标

当数据包经过 Linux 时，如果检测发现数据包符合相应规则，就对数据包进行相应的处理。iptables 处理动作/目标如表 11.2 所示。

表 11.2　iptables 处理动作/目标

动作/目标	说明
ACCEPT	允许符合条件的数据包通过
DROP	拒绝符合条件的数据包通过(丢弃数据包)
LOG	将符合条件的数据包信息写入日志
REJECT	拒绝符合条件的数据包通过(丢弃数据包)并返回错误信息
SNAT	对符合条件的数据包中的源 IP 地址进行转换
DNAT	对符合条件的数据包中的目的 IP 地址进行转换
MASQUERADE	和 SNAT 的作用相同，区别在于不需要指定--to-source
QUEUE	将符合条件的数据包传送给应用程序以处理

注意：

规则处理动作中的 DROP 和 REJECT 都会将匹配的数据包丢弃，不同的是 DROP 将数据包丢弃后就不再处理，而 REJECT 还会发送数据包通知对方。可以传送的数据包有：ICMP port-unreachable、ICMP echo-reply 或 TCP-reset。

SNAT 和 MASQUERADE 都会将数据包中的源 IP 地址改写为数据包流出的外网网卡的 IP 地址，但 MASQUERADE 不需要显式指出修改后的源 IP 地址，非常适用于 ADSL 上网或合法 IP 地址不固定的情况。

2. 链

规则的作用是对数据包进行过滤和处理。根据处理的时机不同，各种规则被组织在不同的"链"中。规则链是防火墙规则/策略的集合，可分为以下两种。

- 内置链
- 用户自定义链

一般情况下，常用内置链共有 5 个(见表 11.3)。

表 11.3　内置链

链	说明
INPUT	处理经路由后发给本机的数据包
OUTPUT	处理由本机产生的向外发送的数据包
FORWARD	处理通过本机转发的数据包
PREROUTING	在数据包进入本机但还未路由前处理数据包
POSTROUTING	在路由选择后处理数据包

3. 表

这里的表是指规则表，即将某类具有相似用途的规则按照不同处理时机区分到不同的规则链后所组织起来的规则链的集合。规则表主要有 filter 表、nat 表和 mangle 表几种。

(1) filter 表(过滤表)

filter 表主要用于过滤数据包，是系统默认的操作的规则表。iptables 中几乎所有的过滤都在这里完成，可对数据包进行 ACCEPT、DROP、REJECT、LOG 等操作。filter 表包含 3 条规则链。

- INPUT 链：处理所有目标地址是本机的数据包。
- FORWARD 链：处理所有路过本机的数据包，即源地址和目的地址都不是本机的数据包。
- OUTPUT 链：处理所有由本机产生的数据包，即源地址是本机的数据包。

filter 表的过滤功能非常强大，几乎可以设定所有动作。在一般的应用中，大部分情况都是使用 filter 表。

(2) nat 表(地址转换表)

nat 表主要用于网络地址转换，也就是转换数据包的源地址或目的地址。对数据包可进行 DNAT、SNAT、MASQUERADE 等操作。nat 表包含以下 3 条规则链。

- PREROUTING 链：可以在数据包到达本机时修改包的目的地址。
- OUTPUT 链：可以修改本机产生的数据包的目的地址。
- POSTROUTING 链：在数据包发送前修改数据包的源地址。

(3) mangle 表(变更表)

mangle 表用于数据包的特殊变更操作，可以根据需要改变数据包包头中的内容(如 TTL、TOS、MARK)。mangle 表主要支持 TOS、TTL 以及 MARK 操作。在 Linux 2.4.17 内核以前，mangle 表包含两个内置链：PREROUTING 链和 OUTPUT 链。在 Linux 内核 2.4.18 之后，mangle 表对其他 3 个规则链也都提供支持。

注意:

MARK 并没有真正改动数据包，只是在内核空间为数据包设定了标记。防火墙内的其他规则或程序可以利用这种标记对数据包过滤或高级路由。

在不同的规则表中，规则链是不一样的。规则表与规则链的关系见表 11.4。

表 11.4　规则表与规则链的关系

链	表		
	filter	nat	mangle
INPUT	√		√
FORWARD	√		√

(续表)

链	表		
	filter	nat	mangle
OUTPUT	√	√	√
PREROUTING		√	√
POSTROUTING		√	√

注意:

在 iptables 的所有链中, 有 3 条链可以改变数据包的源地址和目的地址, 分别是 nat 表中的 PREROUTING 链、OUTPUT 链和 POSTROUTING 链。

4. 数据包匹配流程

(1) 规则表的优先顺序(依次为 mangle 表、nat 表、filter 表)

(2) 规则链间的匹配顺序如下。

● 入站数据顺序:PREROUTING、INPUT。

● 出站数据顺序:OUTPUT、POSTROUTING。

● 转发数据顺序:PREROUTING、FORWARD、POSTROUTING。

(3) 规则链内的匹配顺序如下。

● 从规则链内的第一条规则开始依次检查, 一旦找到相匹配的规则, 就中止检查(LOG 策略例外)。

● 如果在链内找不到相匹配的规则, 则按链的默认规则处理。

(4) 当数据包的目的地址是本机时, 匹配流程如下。

① 数据包进入本机网络接口。

② 进入 mangle 表的 PREROUTING 链。

③ 进入 nat 表的 PREROUTING 链, 在这里可进行目的地址转换(DNAT)。

④ 判断数据包是进入本机还是要转发。

⑤ 进入 mangle 表的 INPUT 链。

⑥ 进入 filter 表的 INPUT 链, 在这里可对过滤条件进行设置。

⑦ 交给本地应用进程处理。

(5) 当数据包由本机产生时, 匹配流程如下。

① 本地应用进程产生数据包。

② 路由判断。

③ 进入 mangle 表的 OUTPUT 链。

④ 进入 nat 表的 OUTPUT 链, 在这里可对数据包进行 DNAT。

⑤ 进入 filter 表的 OUTPUT 链, 在这里可对过滤条件进行设置。

⑥ 进入 mangle 表的 POSTROUTING 链。

⑦ 进入 nat 表的 POSTROUTING 链，在这里可对数据包进行源地址转换(SNAT)。

⑧ 数据包从网络接口离开。

(6) 当数据包经由本机转发时(源地址和目的地址均不是本机)，匹配流程如下。

① 数据包进入本机网络接口。

② 进入 mangle 表的 PREROUTING 链。

③ 进入 nat 表的 PREROUTING 链，在这里可对数据包进行 DNAT。

④ 进入 mangle 表的 FORWARD 链。

⑤ 进入 filter 表的 FORWARD 链。

⑥ 进入 mangle 表的 POSTROUTING 链。

⑦ 进入 nat 表的 POSTROUTING 链，在这里可对数据包进行 SNAT。

⑧ 数据包从网络接口离开。

iptables 数据包的匹配流程如图 11.4 所示。

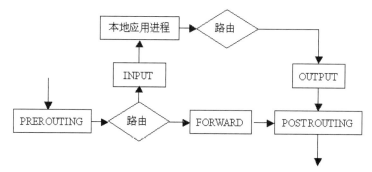

图 11.4 iptables 数据包的匹配流程

11.2.4 iptables 的基本语法

在配置 iptables 时，最主要的工作是设置相关规则，因此必须熟练掌握 iptables 的基本语法。

iptables 的语法格式如下。

```
iptables [-t table] -command [-match] [-j target]
```

1. 表选项

-t table 用来指明需要操作的表，可以指定的表包括 filter、nat 和 mangle。当不指定参数时，默认操作 filter 表。

例如，要为 nat 表设置规则，可在-t 后面加上 nat，如下所示。

```
iptables -t nat -command [-match] [-j target]
```

再如，下列命令表示对 filter 表进行操作。

```
[root@server ~]#iptables -A INPUT -p TCP -j DROP
```

2. 命令选项

命令选项指出规则应做的操作，例如，增加一条规则或删除一条规则。常用命令如下。

1) -A 或--append

作用： 在所选择链的末端添加一条规则。

例如，在 FORWARD 链中增加一条规则，禁止访问站点 202.12.2.3。

```
[root@server ~]#iptables -A FORWARD -d 202.12.2.3 -j DROP
```

2) -D 或--delete

作用： 在所选择的链中删除一条规则。

例如，删除 filter 表中指定的规则。

```
[root@server ~]#iptables -D INPUT -p icmp -j DROP
```

注意：

有两种删除方法：一种是指定要匹配的规则；另一种是指定规则在链中的序号(第一条规则的序号为 1)。

3) -L 或--list

作用： 显示所选择链中的所有规则。如果没有指定链，则显示指定表中的所有链。

例如，查看 filter 表中 INPUT 链的所有规则。

```
[root@server root]# iptables -L INPUT
Chain INPUT(Policy ACCEPT)
Target  pro  opt  source  destination
DROP  icmp  --  anywhere  anywhere  icmp  echo -request
```

4) -P 或--pokicy

作用： 定义默认策略。

5) -F 或--flush

作用： 清空选择的链，相当于删除链中的所有规则。如果没有指定链，则清空指定表中所有链的规则。

例如，下列命令将清除 filter 表和 nat 表中的所有规则。

```
[root@server root]# iptables -F
[root@server root]# iptables -F -t nat
```

6) -I 或--insert

作用： 在指定规则前插入一条规则，原规则顺序后移。如果没有指定规则序号，则默认为 1，即插在所有规则的最前面。

例如，在 INPUT 链的第 2 条规则处插入一条规则，禁止 220.12.56.32 主机访问本机。

```
[root@server root]# iptables -I INPUT 2 -s 220.12.56.32 -j DROP
```

注意：

iptables对参数的大小写敏感，大写参数-P和小写参数-p表示不同的含义。

3. 匹配选项

匹配选项是用来指定需要过滤的数据包的条件，也就是在过滤数据包时，iptables对是否允许数据包通过的判断依据。一般来说，匹配选项可以是源地址、目的地址、源和目的端口号、协议或状态等信息。

1) -s 或--src

作用：匹配数据包的源IP地址，可以是主机地址或网络地址。

例如，禁止220.12.56.32主机访问本机。

```
[root@server root]# iptables -A INPUT -s 220.12.56.32 -j DROP
```

注意：

在IP地址前加上感叹号表示取反，也就是除这个IP地址外的所有IP地址，如-s !220.12.56.32。

2) -d 或--dst

作用：匹配数据包的目的地址。

例如，禁止目的地址属于192.168.1.0/24网段的所有通信。

```
[root@server root]# iptables -A OUTPUT -d 192.168.1.0/24 -j DROP
```

3) --sport 或--source-port

作用：基于数据包的源端口或端口范围来匹配包。

例如，允许源端口为80的所有TCP通信。

```
[root@server ~]#iptables -A INPUT -p tcp --sport 80 -j ACCEPT
```

注意：

如果不指定此选项，则表示针对所有端口。该参数必须与-p参数配合使用。

4) --dort 或--destination-port

作用：基于数据包的目的端口或端口范围匹配包。

例如，禁止目的端口在1000与1024之间的所有TCP通信。

```
[root@server ~]#iptables -A OUTPUT -p tcp --dport 1000:1024 -j DROP
```

5) -p 或--protocal

作用：匹配指定的协议。协议可以是 TCP、UDP 或 ICMP 中的一个或全部。

例如，禁止源 IP 地址为 192.168.0.2 的到本机的所有 UDP 通信。

```
[root@server ~]#iptables -A INPUT -p udp -s 192.168.0.2 -j DROP
```

注意：

设置协议时可以是协议名称，也可是代表协议的数值。例如，ICMP 协议的值是 1，TCP 协议是 6，UDP 协议是 17，0 代表全部 3 个协议。

6) -i 或--in-interface

作用：以数据包进入本机时使用的网络接口来匹配。该匹配条件仅能用于 INPUT、FORWARD 和 PREROUTING 这 3 个链。

例如，允许从 eth0 接口进入的数据包通信。

```
[root@server root]#iptables -A INPUT -i eth0 -j ACCEPT
```

7) -o 或--out-interface

作用：以数据包离开本机时使用的网络接口来匹配。该匹配条件仅能用于 OUTPUT、FORWARD 和 POSTROUTING 这 3 个链。

例如，禁止从 eth0 发出的目的地址为 192.168.0.8 的所有通信。

```
[root@server ~]#iptables -A OUTPUT -o eth0 -s 192.168.0.8 -j DROP
```

注意：

在使用时应正确指定网络接口的名称，如 eth0、ppp0、lo(本地回环)等。在接口前加感叹号表示取反(注意空格)，如-i ! eth0 表示匹配除来自 eth0 接口外的所有数据包。

11.3 UFW

11.3.1 UFW 及安装

1. 什么是 UFW

UFW(Uncomplicated Firewall)即简单防火墙，是 iptables 的接口，旨在简化防火墙的配置过程。尽管 iptables 是一个功能强大和可靠的工具，但对于初学者来说，很难用它来正确配置一个完善的防火墙，使用 UFW 则简单得多。

2. 安装和使用 UFW

默认情况下，Debian 并没有安装 UFW，要使用 UFW 必须用 apt 命令安装。

```
[root@server ~]#apt-get install ufw
```

要启用 UFW，可使用 enable 命令。

```
[root@server ~]#ufw enable
```

相应地，使用 disable 命令可禁用 UFW。

```
[root@server ~]#ufw disable
```

如果已经配置了 UFW 规则，决定要重新开始，则可使用 reset 命令。

```
[root@server ~]#ufw reset
```

11.3.2　使用 UFW 配置防火墙

1. 检查 UFW 状态

```
[root@server ~]#ufw status verbose
```

正常情况下，刚安装好的 ufw 并不会自动激活，执行上述命令后显示以下信息。

```
Status: inactive
```

如果想要使用 UFW，可使用 ufw enable 命令启用它。

2. 设置 UFW 默认策略

默认策略也称缺省策略，在/etc/default/ufw 文件中定义。通常情况下，应该设置 UFW 阻止所有入站连接并允许所有出站连接。可使用以下命令设置。

```
[root@server ~]#ufw default deny incoming
[root@server ~]#ufw default allow outgoing
```

以上策略可用于个人计算机，但服务器有时需要响应来自外部用户的请求，此时可以根据需要开放相应的端口。

3. 开放/禁止端口

1) 开放/禁用服务的默认端口

格式： ufw allow|deny [服务名]

说明： allow——开放指定服务的默认端口。

deny——禁用指定服务的默认端口。

例如，允许 SSH 连接。

```
[root@server ~]#ufw allow ssh
```

以上命令将创建一条防火墙规则，允许 SSH 连接，即开放端口 22。SSH 与端口的对照关系来自配置文件/etc/services。

2) 开放/禁用指定端口

格式：ufw allow|deny [端口号]

例如，允许 SSH 连接。

```
[root@server ~]#ufw allow 22
```

3) 开放/禁用 TCP 或 UDP 指定的端口范围

格式：ufw allow|deny 起始端口号:结束端口号/tcp|udp

例如，禁止开放 udp 的 8000 到 10000 的端口连接。

```
[root@server ~]#ufw deny 8000:10000/udp
```

4) 开放/禁用指定 IP 的访问

格式：ufw allow|deny from [IP]

例如，禁止来自 192.168.2.0 网段的访问。

```
[root@server ~]#ufw deny from 192.168.2.0/24
```

再如，允许 192.168.2.2 连接到端口 22。

```
[root@server ~]#ufw allow from 192.168.2.2 to any port 22
```

3. 删除规则

1) 按规则编号删除

格式：ufw delete 编号

例如，删除 HTTP 连接的规则。

```
[root@server ~]#ufw status numbered
OutputStatus: active
     To                      Action       From
     --                      ------       ----
[ 1] 22                      ALLOW IN     15.15.15.0/24
[ 2] 80                      ALLOW IN     Anywhere

[root@server ~]#ufw delete 2
```

(2) 按服务或端口号删除

格式：ufw delete allow|deny 服务名或端口号

例如，删除 HTTP 连接的规则。

```
[root@server ~]#ufw delete allow http
```

或

```
[root@server ~]#ufw delete allow 80
```

任务实施

1. 配置客户机及服务器的网络参数

根据网络规划配置各客户机及服务器的网络参数，网关服务器拥有双网卡，配置如下。

```
[root@server ~]#vi /etc/network/interfaces
auto ens33
iface ens33 inet static
address      192.168.0.1
network      192.168.0.0
netmask      255.255.255.0
broadcast    192.168.0.255

auto ens37
iface ens37 inet static
address      112.84.136.18
network      112.84.136.0
netmask      255.255.255.0
broadcast    112.84.136.255
```

2. 开启内核路由转发功能

只有在内核打开了数据包的转发功能后，数据包才能被送到相应链进行规则检查。如果没有打开数据包的转发功能，那么与之相连的两边网络是完全隔离的，数据包将被丢弃。

```
[root@server ~]#echo 1>/proc/sys/net/ipv4/ip_forward
```

3. 设置 NAT 及相应策略

通常在创建规则时，都会将原规则清零并将默认规则设置为禁止(DROP)。这是一种好习惯，因为原先的规则可能会影响到新建的规则。这种做法同时会为企业内部网的安全性提供保证。

```
#清除规则
[root@server ~]#iptables -F
[root@server ~]#iptables -X
[root@server ~]#iptables -F -t nat
[root@server ~]#iptables -X -t nat
[root@server ~]#iptables -F -t mangle
[root@server ~]#iptables -X -t mangle
#设置默认规则
[root@server ~]#iptables -P INPUT DROP
[root@server ~]#iptables -P OUTPUT DROP
```

```
[root@server ~]#iptables -P FORWARD DROP
[root@server ~]#iptables -t nat -P PREROUTING ACCEPT
[root@server ~]#iptables -t nat -P OUTPUT ACCEPT
[root@server ~]#iptables -t nat -P POSTROUTING ACCEPT
#打开回环, 允许回环地址通信, 打开 ping 功能, 便于维护和测试
[root@server ~]#iptables -A INPUT -i lo -j ACCEPT
[root@server ~]#iptables -A OUTPUT -o lo -j ACCEPT
[root@server ~]#iptables -A INPUT -p icmp --icmp-type 0 -j ACCEPT
[root@server ~]#iptables -A OUTPUT -p icmp --icmp-type 8 -j ACCEPT
```

注意:

为提高安全性, 在测试后可关闭 ping 功能。

设置内部网络可自由访问 Internet, 并且对内部网络发出的连接的所有回应都可返回内部网络。

```
[root@server ~]#iptables -A FORWARD -i ens33 -j ACCEPT
[root@server ~]#iptables -A FORWARD -m state --state ESTABLISHED, RELATED
-j ACCEPT
```

由于 FORWARD 链的默认策略为 DROP, 因此外网不能访问内网。

设置 NAT 并对外发布 Web 服务。

```
[root@server ~]#iptables -t nat -A POSTROUTING -o ens37 -s 192.168.0.0/24
-j SNAT to 112.84.136.18
[root@server ~]# iptables -t nat -A POSTROUTING -i ens37 -p tcp --dport 80
-j DNAT --to-destination 192.168.0.2
```

小知识:

如果企业使用拨号上网方式, 可采用以下命令设置 NAT 并对外发布 Web 服务。

```
[root@server ~]#iptables -t nat -A POSTROUTING -o ppp0 -s 192.168.0.0/24 -j
MASQUERADE
[root@server ~]# iptables -t nat -A POSTROUTING -i ppp0 -p tcp --dport 80
-j DNAT --to-destination 192.168.0.2
```

 思考和练习

一、选择题

1. 当内网中的数据经 NAT 发送给外网时, 下列( )会发生变化。

　　A. 源 IP 地址　　　　　　　　　B. 目的 IP 地址

　　C. 源 MAC 地址　　　　　　　　D. 目的 MAC 地址

2. 在 nat 表中不包含下列 (　　) 链?

    A. PREROUTING　　　　　　　　B. FORWARD

    C. OUTPUT　　　　　　　　　　　D. POSTROUTING

3. 一般情况下，不用-t 指定规则表时的默认表是(　　)。

    A. net　　　　　　　　　　　　　B. mangle

    C. filter　　　　　　　　　　　　D. 自定义表

4. iptables-A FORWARD-d 10.1.1.1-j DROP 的作用是(　　)。

    A. 禁止访问站点 10.1.1.1　　　　　B. 禁止来自 10.1.1.1 的访问

    C. 允许将数据包转发到 10.1.1.1　　D. 禁止转发来自 10.1.1.1 的数据包

5. 启用 UFW 的命令是(　　)。

    A. ufw on　　　　　　　　　　　B. ufw open

    C. ufw enable　　　　　　　　　D. ufw allow

6. UFW 的默认策略在(　　)文件中定义。

    A. etc/ufw　　　　　　　　　　　B. /etc/default/ufw

    C. /ufw/default　　　　　　　　　D. /etc/ufw.conf

二、简答题

1. 写出 iptables 策略，完成下列任务。

- 设定 INPUT 为 ACCEPT。
- 拒绝来自 192.168.0.0/24 网段的访问。
- 拒绝任何地址访问本机的 111 端口。
- 设定预设策略，除 INPUT 设为 DROP 外，其他的设为 ACCEPT。

2. 使用 iptables 实现 NAT 功能，完成下列任务。

- 将源于 192.168.6.0 网段的 IP 地址通过 192.168.6.217 转发出去。
- 禁止访问 IP 地址为 202.12.33.11 的网站。

实验 11

【实验目的】

1. 了解 iptables 的工作原理。

2. 熟悉 iptables 命令的用法。

【实验准备】

在 VMware 中安装好 PC1、PC2、PC3 3 台虚拟机，其中 PC1 和 PC2 为 Debian Linux 系统，PC3 为 Windows 系统。PC2 虚拟机作为服务器，设置双网卡(如图 11.5 所示)。所有虚拟机网卡设置为"仅主机"方式。

图 11.5 网络拓扑图

【实验步骤】

(1) 设置 PC1、PC2、PC3 的 IP 地址,其中 PC1 为 192.168.m.2(m 为学号后 2 位),PC3 为 192.168.X.2(X 为 100+m),PC2 为双网卡,分别设置 IP 为 192.168.m.1 和 192.168.X.1。

(2) 在 PC2 上开启路由转发功能

(3) 在 PC2 服务器上设置 NAT,要求将 PC1 的 IP 地址转换成 192.168.X.1,使得 PC1 能访问 PC3,但 PC3 不能访问 PC1。

(4) 在 PC1 上用 ping PC3 测试是否连通,在 PC3 上用 ping PC1 测试是否连通。

【实验总结】

1. 记录完成各步骤的 Linux 命令及 PC2 的网络参数配置文件。

2. 列表写出设置 NAT 后 PC2 与 PC1 和 PC3 的连通情况。

安装文件服务器

任务 12　配置 NFS 服务器

任务引入

在某企业网中，不同部门位于不同的子网(如图 12.1 所示)。其中，设计部的网络地址为 192.168.1.0/24，市场部的网络地址为 192.168.2.0/24，设计部和市场部部门经理主机的 IP 地址分别为 192.168.1.2 和 192.168.2.2，所有主机均采用 Linux 操作系统。现要求设置一台文件共享服务器，供不同用户群使用，具体要求如下。

- /home/public：允许所有客户访问，但只有经理有写权限，其他用户为只读权限。
- /home/design：只允许设计部的用户访问，有读写权限。
- /home/market：只允许市场部的用户访问，有读写权限。

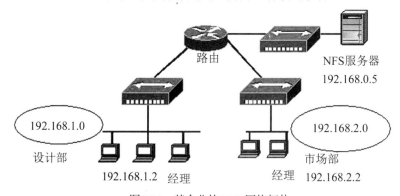

图 12.1　某企业的 NFS 网络拓扑

任务实施流程

(1) 安装 NFS 服务器软件和客户端软件。

(2) 建立共享目录及权限。

(3) 配置 NFS 服务器。

(4) 配置 NFS 客户端。

12.1　NFS 概述

NFS(Network File System)是网络文件系统的缩写，由 Sun 公司于 1980 年开发，用于在 UNIX 操作系统间实现磁盘文件共享。在 Linux 操作系统出现后，NFS 被 Linux 继承并成为文件服务的一种标准。

通过网络，NFS 可以在不同文件系统间共享文件。用户不必关心计算机的型号、操作系统等信息，只要使用 mount 命令将远程服务器的共享目录挂载在本地文件系统下，就可像使用本地文件那样使用远程共享资源。

NFS 的主要功能是可以通过网络让不同机器相互分享资源。用户利用 NFS 可以达到以下使用目的。

- 节约磁盘空间：可将常用数据集存储于 NFS 服务器中，用户通过网络访问数据集而无须单独存储。
- 节约硬件资源：NFS 可共享光盘、U 盘等存储设备，从而减少网络上的移动介质设备。
- 统一设定用户家目录：可通过 NFS 设定，将用户家目录集中放置在服务器上，然后在客户端自动挂载，以在任意客户端上使用自己的家目录，从而保证数据的一致性。

NFS 目前共有 3 个版本：NFSv2、NFSv3 和 NFSv4。其中，NFSv2、NFSv3 依赖 RPC(Remote Procedure Call,远程过程调用)与外部通信,下层传输协议可以是 TCP 或 UDP。

注意：

所有版本的 NFS 都可以使用 TCP 进行网络通信。但 NFSv2、NFSv3 还可使用 UDP，NFSv4 支持状态处理，因此必须依靠 TCP。

12.2　NFS 的安装和启动

NFS 服务器上要安装的软件主要有以下 3 个。

- nfs-kernel-server：Linux NFS 服务器。
- nfs-common：NFS 通用程序。
- portmap：RPC 端口映射程序。

对于 NFS 客户端，仅需要安装 nfs-common 和 portmap 这两个程序。使用以下命令安装服务器。

```
[root@server ~]#apt-get update
[root@server ~]#apt-get install nfs-kernel-server
```

安装好之后，可以查询 NFS 程序是否正常运行。

```
[root@server ~]#rpcinfo -p
program  vers  proto  port
100000   2   tcp   111   portmapper
100000   2   udp   111   portmapper
100024   1   udp   832   status
100024   1   tcp   835   status
```

结果中没有显示 nfs 和 mounted 项，说明 NFS 服务未能成功运行，可采用以下命令启用。

```
[root@server ~]#/etc/init.d/nfs-kernel-server start
```

如果使用 stop 参数，则表示停止 NFS 服务。

```
[root@server ~]#/etc/init.d/nfs-kernel-server stop
```

12.3　NFS 服务器的基本配置

NFS 的配置文件与 Linux 的其他服务不太一样，分别是共享的主配置文件(/etc/exports)和控制访问安全的配置文件(/etc/hosts.allow 和/etc/hosts.deny)。

12.3.1　设置 NFS 主配置文件

1. exports 文件的文件格式

/etc/exports 是 NFS 的主配置文件，主要用来定义服务器上哪几个目录与网络中的其他计算机共享，以及相应的共享规则。出于安全性考虑，默认情况下 NFS 不共享任何目录，即/etc/exports 文件最初是空的，需要管理员手动定义共享配置。定义格式如下。

```
<目录> <主机 1>(参数) [<主机 2>(参数) <主机 n>(参数)]
```

其中各项的含义如下。

- 目录：用来定义需要共享的目录，包括目录下的子目录以及目录中的所有文件。描述时使用目录的全路径(绝对路径)。

- 主机：指允许访问共享目录的客户端主机。可指定主机的 IP 地址、DNS 名称、网段、DNS 区域等。如果不指定，则表示所有客户端均匹配。具体指定方法如表 12.1 所示。

表 12.1 主机指定方法

主机指定方法	示例	说明
指定单一主机	192.168.0.2	IP 地址为 192.168.0.2 的主机
	nfs.example.org	FQDN 为 nfs.example.org 的主机
指定网段	192.168.0.*	位于 192.168.0.0/24 网段的主机
	192.168.0.0/24	
	192.168.0.0/255.255.255.0	
指定 DNS 区域	*.example.org	DNS 后缀为 example.org 的主机
所有主机	*	访问 NFS 服务器的所有主机

- 参数：用来指定访问服务器的主机共享目录时的限制参数。
  - rw：具有可读、可写权限。
  - ro：具有只读权限。这是默认选项。
  - root_squash：当来访的客户端用户是 root 用户时，将之映射为 NFS 服务器的匿名用户。通常，UID 和 GID 会变成 nobody(或 nfsnobody)的系统账户身份，拥有的权限不大。
  - no_root_squash：当来访的客户端用户是 root 用户时，将之映射成 NFS 服务器的 root 用户。这种设置极不安全，不建议使用。
  - all_squash：无论登录 NFS 服务器的用户是什么身份，一律映射成匿名用户。这是默认选项。
  - anonid：设置匿名用户的 UID 值，即将来访者的身份映射成指定 UID 的用户。注意，此 UID 值应在/etc/passwd 文件中存在。
  - anogid：设置匿名用户的 GID 值，即将来访者的用户身份映射成指定的用户组。
  - sync：将数据同步写入内存和硬盘，保持数据同步。这是默认选项。
  - async：先将数据暂存在内存，再写回硬盘。使用该参数可以提高效率，但也有可能造成数据丢失。

例如，使用下列命令共享/home/design 目录，允许 192.168.0.2 主机可访问且有读写权限，其他主机可访问但仅有只读权限。

```
/home/design 192.168.0.2(rw) *(ro)
```

注意：

配置文件中，凡是以#开始的都是注释行。关键字区分大小写。

每个配置文件可有多行共享目录，每条共享目录若有多个客户机匹配条件，则各匹配条件应采用空格进行分隔，而主机和参数之间不能有空格。

例如，下列命令准备共享/tmp目录，并且允许192.168.0.1主机访问并有读写权限，但出现了多余空格的错误。

```
/tmp 192.168.0.1 (rw)
```

最终NFS会认为上述命令有两个主机匹配条件：第一个是IP地址为192.168.0.1的主机，默认参数为ro；第二个rw前没有指明主机，默认为*，即全部主机。

2. 共享目录权限

在/etc/exports文件中，可以通过设置主机参数为rw，允许客户机对共享目录具有写权限。但在Linux系统中，无论用户是从本地登录还是通过网络远程访问，最终目录的读写权限都要由实际目录的系统权限决定。也就是说，即使在NFS配置中允许客户机拥有写权限，可能也无法写入。

例如，在/etc/exports中有如下配置。

```
/home/public 192.168.0.*(rw,sync)
```

但发现从客户机访问NFS服务器后仍然没有写权限，用ls命令查看结果如下。

```
[root@server ~]#ls -l /home/public
-rw-r--r-- 1 root root 1416 Jun 21 17:38 /home/public
```

结果说明/home/public目录在系统中的属主为root用户，普通用户对该目录仅有只读权限，而客户机访问时默认为匿名用户身份，因此没有写权限。对于这个目录，只要在其他用户的权限中加入写权限，就可解决这个问题。

```
[root@server ~]#chmod o+w /home/public
```

3. 用户访问权限

NFS本身并不具备用户身份验证功能，但可通过一些标准来识别用户并给予用户相应的访问权限。标准主要有如下3种。

- root账户

基于安全考虑，通常情况下，当客户端以root账户访问NFS服务器时，NFS会将root用户改成匿名用户。也就是说，root账户只具有NFS服务器上的匿名用户权限。但通过设置no_root_squash参数，可以使root账户在NFS服务器上具有对共享目录的root权限。

例如，共享/home/design目录，允许访问192.168.0.0/24网络上的主机，并且当客户端是 root 身份时，NFS 服务器认为客户端拥有本机 root 对该共享目录的权限。

```
/home/design 192.168.0.*(rw,no_root_squash)
```

- NFS 服务器上有来自客户端的账户(UID、GID)

客户端根据用户的 UID 和 GID 来访问远程资源，如果 NFS 服务器上有相应的 UID 或 GID(名称可能不同)，并且用户身份没有映射成 NFS 服务器的其他身份，就可访问与客户端同名的资源。

- NFS 服务器上没有来自客户端的账户

客户端只能访问匿名资源。由于 NFS 服务器与客户端账户不一致可能会造成身份混乱，因此最好对来访者身份进行映射，映射成匿名身份或其他指定的 UID 和 GID。

例如，192.168.0.0/24 网段的客户端以 nobody 身份访问/tmp 目录。

```
/tmp 192.168.0.*(ro,all_squash)
```

设置当 192.168.0.0/24 网段的客户端访问/tmp 目录时，不管在客户端上以什么身份登录系统，NFS 服务器都认为客户端拥有本机 UID 为 500 的用户对/tmp 目录的权限。

```
/tmp 192.168.0.*(ro,anonuid=500)
```

设置当 192.168.0.0/24 网段的客户端通过 NFS 访问/tmp 目录时，如果客户端以 root 身份登录到系统，NFS 服务器会认为客户端拥有本机 root 对该目录的权限；如果客户端以非 root 身份登录系统，NFS 服务器会认为客户端拥有本机 UID 为 500、GID 为 600 的用户对该目录的权限。

```
/tmp 192.168.0.*(ro,no_root_squash,anonuid=500,anongid=600)
```

小知识：

利用 NIS(Network Information Service，网络信息服务)可实现用户信息的同步。NIS 和 NFS 配合使用，可实现身份与权限的统一。

4. 重启 NFS 服务

NFS 配置好后，需要重启 NFS。重启 NFS 服务的命令如下。

```
[root@server ~]#/etc/init.d/nfs-kernel-server restart
```

小知识：

如果仅修改了/etc/exports 文件的内容，那么无须重启 NFS 服务，只需要执行以下命令即可。

```
[root@server ~]#exportfs#-arv
```

exportfs 命令可以很好地帮助管理员维护 NFS 共享目录列表，其中，-a 选项表示导出配置文件/etc/exports 中设置的所有目录；-r 选项表示重新读取/etc/exports 文件中的设置并使设置立即生效而不需要重启 NFS 服务；-v 选项表示回显设置的配置参数。

12.3.2　设置主机访问控制列表

通过设置/etc/hosts.deny 和/etc/hosts.allow 这两个文件，可以指定哪些主机可以使用 NFS 服务及哪些主机拒绝使用 NFS 服务，从而提高 NFS 的安全性。实现方式如下。

当服务请求到达 NFS 服务器时，首先检查/etc/hosts.allow 文件。如果在/etc/hosts.allow 文件中有一项与请求服务的主机相匹配，就允许主机使用服务；否则，如果在/etc/hosts.deny 文件中有一项与请求服务的主机相匹配，就禁止主机使用服务。

这两个配置文件的基本格式如下。

程序名列表：主机名列表/IP 地址列表

例如，设置仅 192.168.1.0/24 网段和 192.168.0.5 主机使用服务，配置如下。

```
[root@server ~]#vi#/etc/hosts.deny
portmap mountd nfsd statd lockd rquotad : all

[root@server ~]#vi#/etc/hosts.allow
portmap mountd nfsd statd lockd rquotad:192.168.1.0/24 192.168.0.5

[root@server ~]#/etc/init.d/portmap restart
```

12.4　NFS 客户端

1. 查看 NFS 服务器信息

在客户机连接上 NFS 服务器并使用服务器上的共享资源之前，首先要查看 NFS 服务器上的共享信息，以了解共享资源。

要查看 NFS 服务器上的共享资源，可通过 showmount 命令实现。该命令的语法格式如下。

showmount [选项] [服务器]

选项：-a——查看服务器上的共享目录和所有连接客户端信息。

-d——仅显示被客户端使用的共享目录信息。

-e——显示服务器上所有共享目录。

例如，查看 IP 地址为 192.168.0.5 的 NFS 服务器上的共享资源信息。

```
[root@server ~]#/showmount -e 192.168.0.5
Export  list  for  192.168.0.5:
/tmp      *
/home/public    192.168.1.2
```

2. 挂载 NFS 共享目录

在了解 NFS 服务器的共享信息后，可通过 mount 命令将服务器上的共享目录挂载到本地。挂载好之后，就可如本地文件一样使用。

mount 命令的作用是挂载指定的文件系统。在 Linux 操作系统中，所有磁盘分区、CD-ROM 等都要挂载到系统中才可使用。

例如，将 IP 地址为 192.168.0.5 的 NFS 服务器上的/tmp 共享目录挂载到本地的/mnt/nfs 目录。

```
[root@server ~]#mount -t nfs 192.168.0.5:/tmp /mnt/nfs
```

注意：

- 挂载点必须是目录。
- 挂载时，本地挂载点必须存在。如果不存在，则应先创建相应目录。
- 可以挂载在非空目录上。但挂载后，目录中的原有内容将不可用，只有在卸载后方可使用。
- 挂载时，如果没有权限访问 NFS 服务器上的共享目录，将会报错。

例如，挂载 192.168.0.5 服务器上的/home/public 共享目录，并在其中建立 file 子目录(设有写权限)，挂载点为/mnt/nfs 目录。

```
[root@server ~]#mkdir /mnt/nfs
[root@server ~]#mount 192.168.0.5:/home/public#/mnt/nfs
[root@server ~]#cd /mnt/nfs
[root@server ~]#mkdir file
```

3. 卸载 NFS 文件系统

使用 umount 命令可将挂载的目录卸载。例如，将上述挂载的/mnt/nfs 目录卸载。

```
[root@server ~]#umount /mnt/nfs
```

4. 启动时自动挂载 NFS

有时需要在 Linux 系统启动时自动挂载 NFS 文件系统，而不是每次都用 mount 命令手动挂载。Linux 自动挂载文件系统是在/etc/fstab 文件中定义的。在启动时，自动挂载 NFS 文件系统的操作步骤如下。

(1) 用文本编辑器打开/etc/fstab 文件并进行编辑。

```
[root@server ~]#vi /etc/fstab
```

(2) 在文件末尾加入以下代码(假设 NFS 服务器的 IP 地址为 192.168.0.5，共享目录为/home/public，本地挂载点为/mnt/nfs 目录)。

```
192.168.0.5:/home/public /mnt/nfs nfs default 0 0
```

(3) 保存后执行以下命令，重新加载 fstab 文件中的定义以使配置生效。

```
[root@server ~]#mount -a
```

 任务实施

1. 创建用户和用户组

```
[root@server ~]# groupadd -g 501 market      #创建市场部所在组
[root@server ~]# groupadd -g 502 design      #创建设计部所在组
[root@server ~]# groupadd -g 503 manager     #创建经理所在组
[root@server ~]# useradd -g manager -u 902 zhaoyong
#创建市场部经理赵勇的账户并指定 UID 为 902
[root@server ~]# useradd -g manager –u 903 zhaoyu
#创建设计部经理赵宇的账户并指定 UID 为 903
```

2. 创建共享目录并设置权限

```
[root@server ~]#mkdir /home/public
[root@server ~]#mkdir /home/design
[root@server ~]#mkdir /home/market
#创建共享目录
[root@server ~]#chmod g+w /home/public
[root@server ~]#chmod g+w /home/design
[root@server ~]#chmod g+w /home/market
#修改 3 个目录权限，设置对所属用户组可写
[root@server ~]#chgrp manager /home/public
[root@server ~]#chown zhaoyu:design /home/design
[root@server ~]#chown zhaoyong:market /home/market
#修改目录的属主和用户组
```

3. 配置 NFS 服务

```
[root@server ~]# vi  /etc/exports
/home/public 192.168.1.2(rw,anongid=503) 192.168.2.2(rw,anongid=503)
*(ro)
/home/design 192.168.1.2(rw,anonuid=903) 192.168.1.*(rw,anongid=502)
/home/market 192.168.2.2(rw,anonuid=902) 192.168.2.*(rw,anongid=501)
```

4. 设置主机访问控制列表

```
[root@server ~]#vi /etc/hosts.deny
portmap mountd nfsd statd lockd rquotad : all
[root@server ~]#vi /etc/hosts.allow
portmap mountd nfsd statd lockd rquotad:192.168.1.0/24 192.168.2.0/24
[root@server ~]#/etc/init.d/portmap restart
```

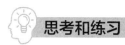 思考和练习

一、选择题

1. NFS 是( )系统。

　　A. 文件　　　　　　B. 磁盘　　　　　　C. 网络文件　　　D. 操作

2. 配置 NFS 服务器时,在服务器端主要是配置( )文件。

　　A. /etc/rc.d/rc.inet1　　　　　　　　B. /etc/rc.d/rc.M

　　C. /etc/exports　　　　　　　　　　　D. /etc/rc.d/rc.S

3. NFS 运行在 Sun 公司的协议( )之上。

　　A. NetBios　　　　B. RCP　　　　　C. TCP/IP　　　　D. ICMP

4. 如果需要挂载 NFS 服务器(192.168.2.6)上名为/data 的目录,挂载点为 /mnt/data,挂载方法是( )。

　　A. #mount -a

　　B. #mount //192.168.2.6/data /mnt/data

　　C. #mount -t nfs 192.168.2.6:/data mnt/data

　　D. #mount 192.168.2.6:/data /mnt/data

5. NFS 服务器上某共享目录的访问参数设置为 all_squash 时,用户将以( ) 身份访问服务器资源。

　　A. 匿名账户身份　　　　　　　B. 原账户身份

　　C. root 账户身份　　　　　　　D. 随机

6. 以下( )命令可以检查 NFS 的共享资源。

　　A. showmount　　B. nmblookup　　C. smbstatus　　D. smbclient

二、简答题

1. 简述网络文件系统 NFS 并说明其作用。

2. 建立 NFS 服务器,完成下列任务。

● 共享/test1 目录,允许 192.168.1.0/24 网段的主机访问且有只读权限。

● 共享/test2 目录,允许 IP 地址为 192.168.2.2 的主机访问且有读写权限,并设

置在 root 用户访问时具有 root 权限。允许 192.168.2.0/24 网段的主机访问且有只读权限,并将 root 用户映射成匿名用户。

- 共享/test3 目录,允许所有主机访问并将访问用户身份映射成 UID 和 GID 均为 418 的用户。

3. 完成下列 NFS 客户端任务。

- 使用命令查看 NFS 服务器(192.168.0.5)发布的共享目录。
- 将 NFS 服务器上的/test 目录挂载到本地的/mnt/test 目录下。
- 卸载上述目录。

实验 12

【实验目的】

1. 了解 NFS 服务器的工作原理。
2. 掌握 NFS 服务器的安装与配置方法。

【实验准备】

1. 3 台安装有 Debian Linux 的虚拟机(PC1、PC2、PC3),将 PC1 作为 NFS 服务器。
2. Debian 安装光盘(ISO 镜像文件)。

【实验步骤】

(1) 设置 3 台虚拟机(PC1、PC2、PC3)的 IP 地址分别为 192.168.x.1(x 为学号后 2 位,下同)、192.168.x.2、192.168.x.3。

(2) 在 3 台虚拟机上创建同一个用户账号 test 并指定相同的 UID。

(3) 使用以下命令,在 PC1 上安装 NFS 服务器软件。

```
apt-get install nfs-common nfs-kernel-server portmap
```

(4) 在 PC1 虚拟机上创建共享目录:在/home 目录下创建共享目录并设置该目录对 test 用户有读写权限。

(5) 在 PC1 虚拟机上配置/etc/exports 文件,配置完成后重启 NFS 服务。配置文件要求如下:设置 PC2 虚拟机对共享目录有读写权限,PC3 对共享目录有只读权限。

(6) 查看共享信息。

(7) 在 PC2 上挂载共享目录,挂载成功后进入挂载目录,使用不同账户完成创建文件和子目录的操作。

(8) 在 PC3 上完成挂载和写操作,观察不同权限计算机的操作结果。

【实验总结】

1. 记录 PC1 服务器 exports 配置文件的内容。

2. 记录在服务器端运行 showmount 命令的结果。

3. 记录在 PC2、PC3 使用不同身份挂载后的操作结果，分析为什么结果不同。

任务 13 与 Windows 系统互访

任务引入

某企业需要配置一台文件服务器，使企业员工可方便地进行资源共享。前面通过 NFS 服务器已使企业内使用 Linux 系统的客户端实现了共享，但在企业内还有部分使用 Windows 系统的客户端。现要设置不同的共享目录，供不同用户群使用(如图 13.1 所示)。

- /home/public：为通用共享目录，允许所有客户访问，权限为只读，仅经理有读写权限。

- /home/finance：为财务部共享目录，只允许财务部的用户访问，有读写权限。

- /home/market：为市场部共享目录，只允许市场部的用户访问，有读写权限。

为每个员工在服务器上创建属于用户自己的主目录，该目录只有用户自己能访问，并且将该目录映射成用户客户机上的 T 盘。

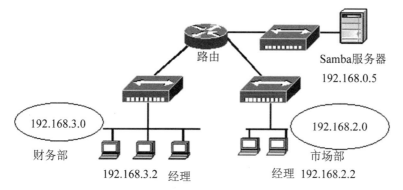

图 13.1 Linux 与 Windows 互访某企业网络拓扑

假设在文件服务器上已创建好各部门的员工账户及用户组，如表 13.1 所示。

表 13.1 用户账户和用户组

员工	账户	部门	部门经理	用户组
李彤	litong	财务部	否	finance
王菊	wangju	财务部	是	manager
赵勇	zhaoyong	市场部	是	manager
葛宇	geyu	市场部	否	market
沈芳	shenfang	市场部	否	market

 任务实施流程

(1) 安装 Samba 服务器软件。

(2) 建立共享目录及权限。

(3) 配置 Samba 服务器。

(4) 配置 Windows 客户端。

13.1 什么是 Samba

13.1.1 Samba 概述

Samba 是用于在 Linux 和 UNIX 系统上实现 SMB(Session Message Block，会话消息块)协议的免费软件，由服务器及客户端程序构成，是澳大利亚国立大学的安德鲁·崔杰尔(Andrew Tridgell)在 1991 年开发的开源 GPL 软件。

NFS 在所有类 UNIX 系统之间实现了资源共享。同样，微软公司通过 SMB 协议使 Windows 网络中的文件系统、打印机等实现了资源共享，但类 UNIX 操作系统与 Windows 之间却缺少沟通的桥梁，因为尽管 Sun 公司的 NFS 协议完全公开，但微软并没有将 SMB 协议公开。要想在 UNIX 与 Windows 间共享资源，基本只能通过 FTP 实现。

Samba 的出现彻底解决了这个问题，它以简单、灵活和功能强大等特点受到广泛关注，几乎所有类 UNIX 都可以使用 Samba 服务，Linux 系统也不例外。利用 Samba 可以让类 UNIX 操作系统加入 Windows 网络中，实现与 Windows 系统间的资源共享。

Samba 主要由以下两个进程组成。

- smbd：主要功能是管理 Samba 服务器上的共享资源，包括共享目录和打印机。
- nmbd：主要功能是进行 NetBIOS 名称解析并提供浏览服务，从而显示网络上共享资源的列表。

13.1.2 为什么使用 Samba

Samba 可以提供以下功能。

- 共享目录。
- 共享打印机。
- 主域控制器。
- 活动目录服务。

Debian 11 中安装的 Samba 版本是 4.13，现在的 Samba 可以作为一套功能强大的文件服务器软件，实现类 UNIX 和 Windows 系统之间的资源共享。装有 Samba 的类 UNIX 系统在 Windows 网络中不仅可以提供共享资源，使用 Windows 网络的共享资源，还可以作为打印服务器，提供远程联机打印，或者取代 Windows Server 成为域控制器，管理 Windows 域。

当前，很难找到不使用 Windows 桌面系统的企业，但可以使用运行 Samba 的 Linux 系统取代 Windows Server 来管理网络。由于 Samba 本身是免费的，这样就可省下购买 Windows Server 许可证的费用。

13.2 安装和配置 Samba 服务器

13.2.1 安装与启动 Samba

1. Samba 的安装

以下软件包与 Samba 服务相关。

- samba-common：包括 Samba 服务器端和客户端所需的通用工具和库文件。
- samba：Samba 服务器软件包。
- samba-client：Samba 客户端软件包。

在 Debian Linux 中安装 Samba 服务器非常简单，执行下列命令即可。

```
[root@server ~]#apt-get install samba
```

安装好之后，在/etc 目录下将出现 samba 子目录，这是存放有关 Samba 配置文件的目录。

2. Samba 的启动与停止

1) 启动 Samba 服务

```
[root@server ~]#/etc/init.d/samba start
```

2) 停止 Samba 服务

```
[root@server ~]#/etc/init.d/samba stop
```

3) 重启 Samba 服务

```
[root@server ~]#/etc/init.d/samba restart
```

注意：

在修改 Samba 配置文件后，必须重新启动 Samba 服务，让 Samba 服务重新加载配置文件，从而使配置文件生效。

13.2.2　Samba 主配置文件 smb.conf

Samba 的主配置文件名为 smb.conf，位于/etc/samba 目录。对 Samba 的配置主要分为两部分：一是全局区域设置；二是各个共享资源段的定义。

1. 全局区域设置

全局区域设置是指从[global]标识到[ShareName]标识之间所有项目的设置，这些设置将对整个 Samba 服务的所有共享资源有效。下面是全局区域设置的示例。

```
[global]
#samba global settings
workgroup = group1
netbios name = samba
log file = /var/log/samba/%m.log
max log size = 50
security = user
smb passwd file = /etc/samba/smbpasswd
encrypt passwords = yes
```

所有设置项目都采用"参数=设定值"的格式，下面对[global]中的常用参数及设置方法介绍。

1) workgroup

作用：设置 Samba 服务器要加入的 Windows 网络的工作组名或域名。

Windows 网络有工作组和域两种网络结构。在安装 Windows 系统时，默认的工作组名是 workgroup。设置将 Samba 服务器加入 group 工作组的方法如下。

```
workgroup = group
```

2) netbios name

作用：设置 Samba 服务器的 netbios 名称。

3) log file

作用：定义 Samba 日志文件的名称和位置。/var/log/samba/%m.log 将日志文件放在/var/log/samba 目录，并且为每一个与服务器连接的客户端建立日志文件。%m 是 Samba 变量，代表客户端的 netbios 名称。Samba 有一系列这样的变量，如%I 代表客户端 IP 地址、%T 代表当前日期和时间等。

4) max log size

作用：定义日志文件的大小，单位为 KB。

5) security

作用：设置 Samba 服务器的安全模式。Samba 共有以下 5 种安全模式，可适应不同的企业需求。

- share：用户在该安全级别可匿名访问 Samba 共享资源，安全性差，适用于公共的共享资源。
- user：访问 Samba 服务器时需要输入用户账户和密码，由本机进行认证。这是服务器的默认级别。
- server：访问 Samba 服务器时需要输入用户账户和密码，认证由另一台 Samba 服务器或 Windows 服务器完成。如果验证出现错误，客户端将以 user 级别访问。
- domain：如果将 Samba 服务器加入 Windows 域中，则需要采用该级别，用户认证由域控制器负责。此时 workgroup 参数的设定值应是 Windows 域名。
- ads：如果 Samba 服务器在基于 Windows Server 平台的活动目录中，则使用该级别。

6) smb passwd file

作用：当安全级别为 user 时，需要从本机进行用户身份验证。此参数用来设置存放 Samba 用户密码文件的位置和文件名(密码文件需要手动建立)。

除了使用密码文件保存 Samba 用户的密码外，Samba 还支持用数据库文件或 MySQL 数据库来存放用户密码。以下示例是用数据库文件作为用户数据库，数据库文件名默认为 passdb.tdb，存放在/etc/samba 目录下。

```
[global]
…
security =user
passdb backend = tdbsam
```

passdb backend 参数设定存放用户密码的方式，可以是 smbpasswd (以密码文件的方式，此时需要加入 smb passwd file 参数)、tdbsam (以数据库 passdb.tdb 作为用户数据库)、mysql (用 MySQL 数据库保存用户密码)或 ldapsam(基于 LDAP 的账户管理方式)。

7) encrypt passwords

作用：设置是否对密码进行加密，设定值可为 yes 或 no。如果设定为 no，表示不对密码进行加密，在验证会话期间，客户机和服务器之间传递的是明文密码，Samba 直接把这个密码与 Linux 中的/etc/samba/smbpasswd 密码文件进行验证。为保证密码传输的安全性，特别是目前的 Windows 操作系统版本默认都不传送明文密码，最好将此参数设置为 yes。

2. 共享资源段的定义

共享资源段是从上一个[ShareName]到下一个[ShareName]结束的中间部分。下面是自定义共享资源段的配置清单。

```
[ShareName]
comment = this is my samba share
path = /home/market
readonly = no
browseable = yes
create  mask = 0660
public = no
hosts allow = 192.168.2.
valid users = @market
```

1) [ShareName]

作用：设置本共享资源段的名称，同时标志着共享资源段定义的开始。

方括号中的 ShareName 可自定义，当客户端访问 Samba 服务器时，将浏览该目录名。这个名称不要求与本地目录同名，但在当前 Samba 服务器中必须唯一。

除了用户可自定义段外，还有两个特殊段：[homes]段和[printers]段。

[homes]段是用来共享用户的家目录。要想让 Windows 用户访问服务器上自己的家目录并有可写权限，可做如下配置。

```
[homes]
  comment = Home Directory
  browseable = no
  guest ok=no
  writable = yes
```

[printers]段表示共享打印机，设置共享打印机的示例如下。

```
[global]
…
#设置是否自动共享打印机
  load printers = yes
#设置打印机配置文件的位置
  printcap name = /etc/printcap
#设置打印系统类型
  printing = cups
  [printers]
    comment = All Printers
    path = /usr/spool/samba
    browseable = no
#设置是否允许匿名访问，no 表示不允许
  guest ok = no
  writable = no
```

```
#设置允许打印
  printable = yes
```

2) comment

作用：为共享资源加上注释信息以方便用户查阅，设定值为一行字符。

3) path

作用：设置共享资源的完整路径，即服务器上共享目录的绝对路径。

例如，在/share/tools 目录下存放有常用工具，现要在 Samba 中共享，设置如下。

```
[tools]
  comment = tools
  path = /share/tools
```

4) readonly

作用：设置共享资源的读写权限，设定值可为 yes(只读)、no(可读写)。与之类似的参数是 writable，设定值的意思正好相反：yes(可读写)、no(只读)。

5) browseable

作用：设置能否浏览共享目录。yes 为可以；no 为不可以，即在浏览共享资源时不显示共享目录，只有指定的共享路径才能存取。

6) create mask

作用：设置用户在共享目录上所创建文件的默认权限(使用八进制语法表示)。注意，与 umask 命令不同的是，这种配置直接设置文件权限，而不是设置权限的屏蔽值。

与之类似的参数是 directory mask，用来设置创建目录的默认权限。

7) public

作用：设置目录是否公开共享，no 表示必须进行身份验证。此项参数只有在 security 设置为 share 时才起作用。

8) hosts allow 和 hosts deny

作用：设置允许或拒绝某些特定主机访问 Samba 服务器。可指定主机的 IP 地址、网段或域名等。

例如，不允许 192.168.1.0/24 网段的所有主机访问。

```
hosts deny = 192.168.1.
```

只允许 192.168.1.0/24 网段内除 192.168.1.1 外的所有主机访问。

```
hosts allow = 192.168.1. EXCEPT 192.168.1.1
# EXCEPT 表示不包括
```

不允许 example.org 区域内(但不包括 192.168.1.1)的主机访问。

```
hosts deny = .example.org
```

```
#注意区域前有一圆点
hosts allow = 192.168.1.1
```

9) valid users

作用：设置只有指定的用户或组才可访问共享目录。该参数的设定值为允许访问的用户账户或用户组名称。设置为用户组时，组名前应加上@符号。

具有相反功能的参数是 invalid users，用来设置禁止访问的用户或用户组。

例如，设置允许 market 用户组成员访问，禁止 zhangton 用户访问。

```
invalid users = zhangton
valid users = @market
```

3. 用户访问权限设置

在前面的设置参数中，有多个参数用来设置用户访问控制权限。或者说，用户能否访问某个共享资源是由多个参数决定的。

1) public 和 guest ok

当安全级别设置为 share 时，通过 public 或 guest ok 参数决定是否允许匿名访问。在 Samba 服务器中，这两个参数具有相同的功能，当在共享资源段中发生冲突时，以后面的参数优先。例如，下面的设置禁止匿名用户访问。

```
guest ok = yes
public = no
```

2) valid users 和 invalid users

这两个参数是当安全级别设置为 user，时用来设置用户访问控制的黑白名单。

4. 用户读写权限设置

与用户访问权限的控制一样，用户对共享目录的读写权限也由多个参数决定。除此之外，能否读写还通过文件或目录自身在文件系统中的权限以及它们在 Samba 服务器中的配置共同决定。

1) readonly

定义是否将共享资源设置为只读。当 readonly=yes 时为只读，当 readonly=no 时为不使用只读方式。

2) writable

定义是否将共享资源设置为可写。当 writable=yes 时为可写，当 writable=no 时为不可写。

3) read list

可精确设定哪些用户(用户组)对共享资源为只读方式。

例如，设置 zhangton 用户和 sales 用户组在访问 tools 共享目录时为只读。

```
[tools]
  path = /tools
  read list = zhangton
  read list = @sales
```

4) write list

设置哪些用户(用户组)对共享资源为可写方式。

注意：

- 当 readonly 和 writable 发生冲突时，后设置的参数优先。
- 当 readonly 和 write list 发生冲突时，除 write list 指定的用户可写外，其他用户只读。
- 当 writable 和 read list 发生冲突时，除 read list 指定的用户只读外，其他用户可写。
- 当 read list 和 write list 发生冲突时，write list 优先。
- 当 writable = no 时，write list 的配置无效。
- 当同时配置 writable = yes 和 write list 时，仅 write list 指定的用户可写。
- 最终能否读写还要受系统权限的限制。

5. Samba 共享示例

将目录/var/share/samba 共享给网络中的其他计算机，要求加入 Windows 的 workgroup 工作组，共享主机名为 smbshare，所有人对该共享目录的权限为只读。

```
[root@server ~]#vim /etc/samba/smb.conf
[global]
  workgroup = workgroup
  netbios name = smbshare
  security = share
[share]
  path = /var/share/samba
  readonly = yes
  public = yes
```

13.2.3　Samba 密码文件

在 Samba 服务器的配置中，如果设置安全级别为 user 且使用 Samba 密码文件的方式存放用户密码，就必须根据 global 全局区域设置中 smb passwd file 参数的设定，手动创建密码文件/etc/samba/smbpasswd 并添加 Samba 用户。设定之后，当客户端访问 Samba 服务器时，必须提交用户账户和密码以进行身份验证，验证成功才可正常访问共享资源。

1. 创建 Samba 密码文件

Samba 服务器系统本身没有现成的密码文件,密码文件必须手动创建。使用任意创建文件的命令都可完成创建,例如,可使用 touch 命令来创建。

```
[root@server ~]#touch /etc/samba/smbpasswd
```

2. 创建系统账户

Samba 账户不能直接建立,需要首先创建 Linux 系统用户账户并设置系统登录密码。

例如,创建用户 test 并为之设置密码。

```
[root@server ~]#useradd test
[root@server ~]#passwd test
```

3. 添加 Samba 账户并设置密码

使用 smbpasswd 命令可添加 Samba 账户。下面的命令将 test 用户添加到 Samba 中。

```
[root@server ~]# smbpasswd -a test
New SMB password:
ReType new SMB password:
Added user test.
```

注意:

添加到 Samba 中的账户必须是系统中已存在且已激活的账户。Samba 的用户密码并不要求与系统密码相同。

4. user 级别认证示例

共享目录/var/share/samba/market,允许市场部(market 组)员工访问且为可读可写权限。

```
[root@server ~]#vim /etc/samba/smb.conf
[global]
  security = user
  smb passwd file = /etc/samba/smbpasswd
  encrypt passwords = yes
[market]
  path = /var/share/samba
  readonly = no
  valid users = @market
```

13.2.4 测试 Samba 服务

当 Samba 配置文件设置成功后,可以重启 Samba 服务使配置文件生效。由于

Samba 配置文件比较复杂，在设置过程中可能产生错误。为保证 Samba 配置文件正确，使 Samba 服务能顺利装载配置文件，在重启 Samba 服务前，可先使用 testparm 命令对配置文件进行测试。

testparm 命令的格式如下。

```
testparm [-s] [configfilename] [hostname hostIP]
```

各选项的含义如下。

- -s：如果不带这个参数，testparm 将提示在列出的服务名和服务定义项之间按 Enter 键。
- configfilename：指定要检查的配置文件名。默认对 smb.conf 文件进行检查。
- hostname hostIP：如果命令行带有这个参数，测试程序将检查 smb.conf 文件中的 hosts allow 和 hosts deny 参数，测试与 IP 地址对应的主机名是否可以访问 smbd 服务器。

注意：

testparm 命令仅测试配置文件内部是否正确，如果测试报告没有问题，Samba 服务就能正确载入设置值，但并不保证随后的操作能一切正常。

13.3 共享资源的访问

在 Samba 服务器上配置好各种共享资源后，可从 Windows 客户端或 Linux 客户端访问共享资源。

13.3.1 从 Windows 客户端访问共享资源

1. 访问 Samba 服务器

从 Windows 10 客户端访问共享资源非常方便，如同访问 Windows 共享资源一样。通过【网络】就可访问共享资源(需要打开【网络发现和文件共享】)，也可打开【运行】对话框，直接输入 Samba 服务器的地址进行访问。

要从 Windows 客户端访问 Samba 服务器(192.168.0.5)，可按 Win+R 组合键，打开【运行】对话框，输入\\192.168.0.5 后按 Enter 键即可(如图 13.2 所示)。

图 13.2　【运行】对话框

如果 Samba 配置有用户认证，那么在访问时需要输入合法账户和正确密码。

2. 映射网络驱动器

为访问方便，可以在 Windows 客户端将用户在 Samba 服务器上的共享目录映射为 Windows 的驱动器。通过这种方式，用户可以直接访问驱动器，还可以在用户登录时自动连接映射驱动器。

例如，将 Samba 服务器(192.168.0.5)上的 tools 共享目录映射成本地驱动器"T盘"并选择在登录时自动连接。操作步骤为：打开【文件资源管理器】，在其左侧窗口中右击【此电脑】，在弹出式菜单中选择【映射网络驱动器】，打开【映射网络驱动器】向导。选择驱动器盘"T:"，输入网络地址\\192.168.0.5\tools，选中【登录时重新连接】复选框(如图 13.3 所示)。

图 13.3 【映射网络驱动器】对话框

注意：

如果 Samba 服务器的安全级别设置为用户通过认证方可访问，那么在通过 Windows 客户端访问 Samba 服务器前，应在 Windows 中设置与 Samba 用户同名的 Windows 用户，并以 Windows 账户登录 Windows 系统再访问共享资源。

13.3.2 从 Linux 客户端访问共享资源

在 Samba 服务器上配置好共享资源后，也可从 Linux 客户端访问，并且从 Linux 客户端也可通过网络访问 Windows 服务器提供的共享资源。无论是访问 Samba 服务器资源还是 Windows 服务器资源，Linux 客户端都需要使用 smbclient 命令。

1. 安装 smbclient

使用 apt 命令可简便地安装 smbclient 软件，命令如下。

```
[root@server ~]#apt-get install smbclient
```

2. smbclient 命令格式

smbclient 是基于 SMB 协议的用于存取共享目标的客户端程序，命令格式如下。

```
smbclient -L 网络共享资源 -U 用户名
```

各参数的含义如下。

- -L：显示服务器端分享出来的所有资源。
- 网络共享资源：格式为"//服务器名称/共享目录名"。
- -U 用户名：指定登录用户的名称。

例如，查看 IP 地址为 192.168.0.5 的服务器上的共享资源。

```
smbclient  -L  192.168.0.5
```

再如，以账户 zhaojin 登录 IP 地址为 192.168.0.1 的服务器的 tools 共享目录。

```
[root@server ~]#smbclient //192.168.0.5/tools -U zhaojin
Password:
Domain=[LMPROJECT] OS=[UNIX] Server=[Samba 3.0.14a-Debian]
smb:\>
```

当出现 smb:\> 提示符时，说明登录成功。此时可以使用 cd、ls 等命令进行操作，输入 help 命令可以进行相关命令查看。

在使用 smbclient 命令时，也可在用户名后直接输入密码。例如，在上例中，设置密码为 yzzd，可用以下命令访问共享资源。

```
[root@server ~]#smbclient //192.168.0.5/tools -U zhaojin%yzzd
```

小知识：

若安装有 Linux 桌面系统，则可在桌面环境下访问共享资源，可通过选择【文件】→【其他位置】，找到【网络】，从而访问网络中的共享资源。

 任务实施

1. 创建共享目录

```
[root@server ~]#mkdir /home/public
[root@server ~]#mkdir /home/finance
[root@server ~]#mkdir /home/market
```

2. 更改共享目录权限、属主和用户组

```
[root@server ~]#chmod g+w /home/public
[root@server ~]#chgrp manager /home/public
[root@server ~]#chmod 775 /home/finance
```

```
[root@server ~]#chown -R wangju:finance /home/finance
[root@server ~]#chmod 775 /home/market
[root@server ~]#chown -R zhaoyong:market /home/market
```

3. 安装 Samba 服务

```
[root@server ~]#apt-get update
[root@server ~]#apt-get install samba
```

4. 编辑 Samba 主配置文件并配置 Samba 服务

```
[root@server ~]# vi /etc/samba/smb.conf
[global]
  workgroup = workgroup
  netbios name = sambaserver
  log file = /var/log/samba/log.%m
  max log size = 50
  security = user
  encrypt passwords = yes
  smb passwd file = /etc/samba/smbpasswd
[public]
  comment = share
  path = /home/public
  readonly = yes
  write list = @manager
  public = yes
[finance]
  comment = finance
  path = /home/finance
  write list = wangju
  write list = @finance
  create mask=0660
  directory mask=0770
  valid users = wangju @finance
[market]
  comment = market
  path = /home/market
  write list = zhaoyong
  write list = @market
  create mask=0660
  directory mask=0770
  valid users = zhaoyong @market
[homes]
  browseable = no
  guest ok = no
  readonly = no
```

5. 创建本地密码文件并添加 Samba 账户

```
[root@server ~]#touch /etc/samba/smbpasswd
[root@server ~]#smbpasswd -a litong
[root@server ~]#smbpasswd -a wangju
[root@server ~]#smbpasswd -a zhaoyong
[root@server ~]#smbpasswd -a geyu
[root@server ~]#smbpasswd -a shenfang
```

6. 测试 Samba 配置并重启 Samba 服务

```
[root@server ~]#testparm
[root@server ~]#/etc/init.d/samba restart
```

 思考和练习

一、选择题

1. Samba 服务器的主配置文件是(　　)。

    A. httpd.conf　　　　　　　　　　　　B. inetd.conf

    C. rc.d　　　　　　　　　　　　　　　　D. smb.conf

2. Samba 服务器的进程由(　　)两部分组成。

    A. named 和 sendmail　　　　　　　　B. smbd 和 nmbd

    C. bootp 和 dhcpd　　　　　　　　　　D. httpd 和 squid

3. 下列命令中，可以检查 Samba 配置文件是否有错的是(　　)。

    A. smbshow　　　　B. testparm　　　　C. smbstatus　　　　D. smbclient

4. 在配置 Samba 用户认证安全级别时，以下(　　)级别可在本机验证。

    A. user　　　　　B. server　　　　C. domain　　　　D. ads

5. 下列命令中，用来添加 Samba 用户的是(　　)。

    A. useradd　　　　B. adduser　　　　C. smbuser　　　　D. smbpasswd

6. 在 smbclient 命令中，用来查看服务器共享资源的选项是(　　)。

    A. -s　　　　　　B. -S　　　　　　C. -l　　　　　　D. -L

7. 以下设置中，(　　)可以允许 192.168.1.0/24 网络的主机访问 Samba 服务器。

    A. hosts enable = 192.168.1.　　　　B. hosts allow = 192.168.1.

    C. hosts accept = 192.68.1.　　　　　D. hosts except = 192.168.1.

8. 以下设置中，(　　)可以允许用户 test 访问共享资源。

    A. valid users = test　　　　　　　　B. invalid users = test

    C. valid users = @test　　　　　　　D. invalid users = @test

二、简答题

1. 什么是 Samba？利用 Samba 能做什么？

2. 配置 Samba 服务器，要求如下。

- Samba 服务器的 NetBIOS 名称为 server，需要加入 Windows 的 mygroup 工作组。

- 设置成可匿名共享。

- 共享资源段的名称为 share，共享目录为/public 目录，设置共享目录为只读、可浏览、不可打印权限。

实验 13

【实验目的】

1. 了解 Samba 服务器的工作原理。

2. 掌握 Samba 服务器的安装与配置。

【实验准备】

1. 安装 Debian Linux 系统的虚拟机 PC1 及安装 Windows 系统的虚拟机 PC2。

2. Debian 系统的 ISO 文件。

【实验步骤】

(1) 设置 PC1 的 IP 地址为 192.168.x.1(x 为学号后 2 位)，PC2 虚拟机的 IP 地址为 192.168.x.2。保证 PC1 和 PC2 能正常通信。

(2) 在 PC1 中使用 apt 命令安装 samba 和 smbclient 软件。

(3) 打开并编辑/etc/samba/smb.conf 文件，要求如下。

- 设置工作组为 Windows 系统所在的工作组。

- 设置 NetBIOS 的名称为自己姓名的拼音。

- 配置 Samba 为用户验证方式，用户名自定。

- 设置为 192.168.x.0 网段可访问。

- 设置共享目录为/home/test 目录。

- 设置共享资源段的名称为自己姓名的拼音首字母，并且可读、可写。

- 设置密码存放文件为/etc/samba/smbpasswd。

(4) 建立密码文件/etc/samba/smbpasswd。

(5) 测试配置文件并重启 Samba 服务器。

(6) 在系统中创建用户账户并将此用户添加成 Samba 用户。

(7) 在/home 目录下创建 test 子目录并设置该目录的权限。

(8) 在 Windows 系统主机上，创建与 Linux 系统同名的用户并登录。打开【网上邻居】，进入 Samba 共享目录并在其中创建目录或文件。

(9) 在 Samba 服务器上用 ls-l 命令查看共享目录，写出结果。

(10) 在 Windows 主机上设置共享目录。

(11) 在 Linux 主机上查看并进入共享目录。

(12) 在共享目录中创建目录或文件并用 dir 命令查看结果。

【实验总结】

1. 记录配置正确的 smb.conf 配置文件的内容。

2. 记录 Linux 和 Windows 系统相互访问操作的结果。

任务 14 跨网络文件传输

任务引入

为实现宣传目的，加强与合作单位的沟通，某企业决定架设一台 FTP 服务器，具体要求如下。

- 将/home/ftp 目录作为开放目录。为保证系统安全，使用虚拟账户认证方式，将虚拟用户映射到账户 vipftp。

- 为合作单位提供将虚拟账户 ftpuser，允许上传和下载资料，但不可删除和重命名目录中的数据，设置最大传输速率为 10MB/s。

- 设置管理虚拟账户 ftpadmin，该账户可以下载与上传文件以及执行删除、重命名操作，上传文件的 umask 为 022。

任务实施流程

(1) 创建相关用户。

(2) 创建目录并设置目录权限。

(3) 安装 FTP 服务器软件。

(4) 配置 FTP 服务器。

14.1 FTP 简介

14.1.1 FTP 原理

FTP(File Transfer Protocol，文件传输协议)是一种用于在 Internet 上任意两台计

算机之间传送文件的协议。

FTP 和 HTTP 都是运行在 TCP 之上的应用层协议，但与 HTTP 不同的是，FTP 使用两个并行的 TCP 连接：一个是控制连接，用于在客户端和服务器之间发送控制信息；一个是数据连接，用于在两台主机间发送数据。根据 FTP 服务器是主动还是被动连接客户端，FTP 有两种服务模式：主动模式和被动模式。

1. 主动模式

在 FTP 主动模式下，FTP 客户端随机开启大于 1024 的 TCP 端口(N 端口)连接服务器的 21 端口，在完成 3 次握手后，建立控制连接。之后，客户端通过控制连接向服务器发出 PORT 命令，以通知服务器客户端开启 N+1 端口用于数据通道。然后，服务器用 20 端口与客户端通知的 N+1 端口建立数据连接，成功后开始发送数据(如图 14.1 所示)。

图 14.1　FTP 主动传输模式示意图

2. 被动模式

在 FTP 被动模式下，FTP 客户端开启随机端口连接 FTP 服务器的 21 端口，建立控制连接。这一步骤与主动模式的控制连接一致，只是客户端向 FTP 服务器发送的是 PASV 命令，通知服务器处于被动模式。服务器在收到命令后，会开放大于 1024 的随机端口(M 端口)并通知客户端。客户端用 N+1 端口与服务器的 M 端口建立连接，然后在这两个端口间传输数据(如图 14.2 所示)。

图 14.2　FTP 被动传输模式示意图

对比两种模式可以看出：FTP 主动模式是服务器主动连接客户端的数据端口，而 FTP 被动模式是服务器被动地等待客户端连接自己的数据端口。由于多数防火墙不允许接收外部发起的连接，因此 FTP 的被动模式通常用于有防火墙的 FTP 客户端访问外界的 FTP 服务器。

14.1.2　匿名 FTP 服务器和系统 FTP 服务器

根据 FTP 服务对象的不同，可将 FTP 服务器分成匿名 FTP 服务器和系统 FTP 服务器。

1. 匿名 FTP 服务器

匿名 FTP 服务器是一种向公众提供文件拷贝服务，而不要求用户事先在服务器上登记注册，也不需要取得 FTP 服务器授权的 FTP 服务器。

当 FTP 用户与远程 FTP 服务器建立连接并以匿名身份从服务器上拷贝文件时，也可不是服务器的注册用户。用户只需要使用特殊的用户名 anonymous 登录 FTP 服务器，就可访问服务器上公开的文件。匿名 FTP 一直是 Internet 上获取信息资源的最主要方式。在 Internet 上，有成千上万的匿名 FTP 服务器，存储着难以计数的文件，只要知道这些服务器的地址，就可以用匿名 FTP 登录获取所需的信息资料。

2. 系统 FTP 服务器

与匿名 FTP 服务器不同，系统 FTP 服务器仅允许合法用户访问服务器资源。当 FTP 用户与远程 FTP 服务器建立连接时，必须提供用户名和正确密码，否则禁止访问。

14.1.3 Linux 平台的 FTP 服务器软件

目前运行于 Linux 系统中的 FTP 服务器软件有很多，常用的包括 WU-FTP、ProFTPD、VSFTPD 等。

1. WU-FTP

WU-FTP 是 Washington University FTP 的英文简称，是最早的 FTP 软件之一，也曾经是 Internet 上最流行的 FTP 软件。WU-FTP 拥有许多强大的功能，适用于吞吐量很大的 FTP 服务器的管理要求。WU-FTP 具有如下特点。

- 支持虚拟 FTP 服务器(Virtual FTP Server)。
- 可以对不同网络上的机器做不同的存取限制。
- 可以在用户下载的同时对文件自动进行压缩或解压缩工作。
- 可以设置最大连接数，从而提高效率并有效地控制负载。
- 可以暂时关闭 FTP 服务器以便系统维护。

2. ProFTPD

ProFTPD 的全称是 Professional FTP daemon，是一款在自由软件基金会的版权声明(GPL)下开发和发布的免费软件。ProFTPD 是针对 WU-FTP 的弱项而开发的，在改进安全性外，还具备许多 WU-FTP 没有的特点。ProFTPD 具有如下特点。

- 单一的与 Apache 类似的配置文件。
- 可设定多个虚拟 FTP 服务器，匿名 FTP 服务器的实现非常容易。
- 可以单独运行，也可以从 inetd/xinetd 启动。
- 匿名 FTP 的根目录不需要特别的目录结构。
- 以非 root 身份运行且不执行任何外部程序，从而减少了安全隐患。

- 支持 Shadow 密码，支持密码过期机制。
- 强大的日志功能，支持 utmp/wtmp 的记录标准。

3. VSFTPD

VSFTPD 的全称是 Very Secure FTP Daemon(从名称可以看出，编制者的初衷是代码的安全)，适用于搭建高安全性、高稳定性、中等以上性能的 FTP 服务器。VSFTPD 具有如下特点。

- 具有非常高的安全性。
- 支持带宽限制。
- 可以作为基于多个 IP 地址的虚拟 FTP 服务器。
- 支持虚拟用户，并且每个虚拟用户可以具有独立的属性配置。
- 具有高稳定性和中等以上的性能。

VSFTPD 已成为 Linux 平台上最为流行的 FTP 服务器软件，越来越多的站点选用它构筑安全高效的 FTP 站点。本任务也选用 VSFTPD 来完成。

14.2 VSFTPD 的安装和配置

14.2.1 VSFTPD 的安装与启动

在 Debian Linux 中，使用 apt 命令可安装 VSFTPD。

1. 安装 VSFTPD

```
[root@server ~]#apt-get install vsftpd
```

2. 启动或停止 VSFTPD

要启动 VSFTPD 服务，可使用以下命令。

```
[root@server ~]#/etc/init.d/vsftpd start
```

要停止 VSFTPD 服务，可使用以下命令。

```
[root@server ~]#/etc/init.d/vsftpd stop
```

配置好 VSFTPD 后，需要重启 VSFTPD 服务，以使配置生效。可使用以下命令重启 VSFTPD。

```
[root@server ~]#/etc/init.d/vsftpd restart
```

14.2.2 VSFTPD 基本配置参数

1. VSFTPD 目录与文件结构

安装好 VSFTPD 软件后，在/etc 目录下会出现一个 VSFTPD 子目录，该目录中存放有 VSFTPD 的主配置文件及其他一些配置文件和目录。

- vsftpd.conf：该文件为 VSFTPD 的主配置文件。VSFTPD 的配置主要就是修改和设置该文件中的各项参数值。
- ftpusers：该文件中设置了禁止访问 VSFTPD 服务的用户列表。通常，为了安全起见，root、bin 等系统账户都包括在该文件中。
- user_list：文件中可包括用户账户列表，每行一个用户。这些账户根据参数 userlist_enable 或 userlist_deny 的设置不同被允许或禁止访问 VSFTPD 服务。

注意：

如果 ftpusers 禁止某用户访问 VSFTPD，而 user_list 的设置是允许该用户访问，则最终该用户不能访问 FTP，即 ftpusers 文件的优先级更高。

- /etc/parm/vsftpd：该文件是 VSFTPD 的 PAM 配置文件，主要用来加强 VSFTPD 服务的用户认证。
- /var/ftp/：该目录是系统默认的 FTP 根目录，包括一个 pub 子目录。默认情况下，有些服务目录为只读，仅 root 用户有可写权限。

2. vsftpd.conf 文件基本格式

vsftpd.conf 文件格式比较简单，一行为一项设置，其中以#开头的为注释行。每行格式如下。

```
option=value
```

注意：

等号两边要连写，不能有空格。

vsftpd.conf 中的参数项比较多，下面分类介绍一些常用参数。

1) FTP 系统相关设置

- listen=YES/NO：设置是否以独立运行的方式监听服务。
- listen_address=IP：设置要监听的 IP 地址。
- listen_port=21：设置 FTP 服务的监听端口。
- connect_from_port_20=YES/NO：指定 FTP 使用 20 端口进行数据传输。默认值为 YES。
- pasv_enable=YES/NO：若设置为 YES，则使用 PASV(被动)工作模式；若设置为 NO，则使用 PORT(主动)模式。默认值为 YES。
- ftp_data_port=20：设置在 PORT 方式下 FTP 数据连接使用的端口。默认值为 20。

- max_clients=0：设置 FTP 允许的最大连接数。默认值为 0，表示不受限制。
- max_per_ip=0：设置每个 IP 允许与 FTP 服务器同时建立连接的数目。默认值为 0，表示不受限制。

2) 匿名用户设置

- anonymous_enable=YES/NO：设置是否允许匿名用户登录，YES 为允许，NO 为禁止。
- ftp_username=ftp：定义匿名登录的用户名称。默认值为 ftp。
- anon_root=/var/ftp：设置匿名用户的 FTP 根目录。默认值为/var/ftp。
- anon_upload_enable=YES/NO：是否允许匿名用户上传文件。默认值为 NO。
- anon_mkdir_write_enable=YES/NO：是否允许匿名用户创建目录。默认值为 NO。
- anon_other_write_enable=YES/NO：是否开放匿名用户的其他写入权限(如重命名、删除等)。默认值为 NO。
- anon_umask=077：设置匿名用户上传文件的 umask 值。默认值为 077。
- anon_max_rate=0：匿名用户的最大传输速率(B/s)。默认值为 0，表示不限制速度。

3) 本地用户设置

- local_enable=YES/NO：是否允许本地用户登录 FTP。默认值为 YES。
- local_root=/home/username：本地用户的 FTP 根目录。默认值为其家目录。
- write_enable=YES/NO：是否允许登录用户有可写权限。默认值为 YES。
- local_umask=022：设置本地用户新增文件的 umask 值。默认值为 077。
- local_max_rate=0：本地用户最大传输速率(B/s)。默认值为 0，表示不限制。

4) 设置用户是否允许切换到其他目录

在默认配置下，本地用户登录 FTP 后可以使用 cd 命令切换到其他目录(如/etc 等)，给系统安全带来很大隐患。因此，通常在设置中将用户禁锢在 FTP 目录，以确保系统安全。

- chroot_local_user=YES/NO：用于指定用户列表文件中的用户是否允许切换到上级目录。默认值为 NO。
- chroot_list_enable=YES/NO：设置是否启用 chroot_list_file 配置项指定的用户列表文件。默认值为 NO。
- chroot_list_file=/etc/vsftpd.chroot_list：用于指定用户列表文件名，该文件用于控制哪些用户可以切换到用户家目录的上级目录。

注意：

参数 chroot_list_enable 和 chroot_local_user 同时使用可有以下 4 种组合。

- 当 chroot_list_enable=YES，chroot_local_user=YES 时，在/etc/vsftpd.chroot_list 文件中列出的用户可以切换到其他目录；未在文件中列出的用户不能切换到其他目录。
- 当 chroot_list_enable=YES，chroot_local_user=NO 时，在/etc/vsftpd.chroot_list 文件中列出的用户不能切换到其他目录；未在文件中列出的用户可以切换到其他目录。
- 当 chroot_list_enable=NO，chroot_local_user=YES 时，所有用户都不能切换到其他目录。
- 当 chroot_list_enable=NO，chroot_local_user=NO 时，所有用户都可切换到其他目录。

5）虚拟用户设置

- guest_enable= YES/NO：启用虚拟用户。默认值为 NO。
- guest_username=ftp：设置虚拟用户映射的系统账户。默认值为 ftp。
- virtual_use_local_privs=YES/NO：当该参数为 YES 时，虚拟用户与本地用户具有相同的权限。当此参数为 NO 时，虚拟用户与匿名用户有相同的权限。默认值为 NO。
- pam_service_name=vsftpd：设置 PAM 使用的名称。默认值为/etc/pam.d/vsftpd。

6) FTP 用户的访问控制设置

FTP 关于用户的访问控制可以通过/etc/vsftpd 目录下的 user_list 和 ftpusers 文件实现。

- userlist_file=/etc/vsftpd/user_list：控制用户访问 FTP 的文件，文件中包括用户账户列表，每行一个用户。
- userlist_enable=YES/NO：是否启用 user_list 文件。默认值为 NO。
- userlist_deny=YES/NO：决定 user_list 文件中的用户是否能够访问 FTP 服务器。若设置为 YES，则不允许 user_list 文件中的用户访问 FTP。默认值为 YES。

14.2.3 匿名用户登录 FTP 的配置

1. 3 种认证模式

VSFTPD 可配置如下 3 种认证模式来登录 FTP 服务器。

- 匿名模式：用户可使用匿名账户直接登录 FTP 服务器，无须密码，因此是一种很不安全的认证模式，通常用于对公众开放的 FTP 服务器。
- 本地用户模式：通过 Linux 的本地账户和密码进行认证。相对匿名模式要安全一些，但一旦账户被破解则会给整个 Linux 服务器带来安全隐患。
- 虚拟用户模式：通过为 FTP 服务单独建立用户数据库文件而虚拟映射出用

于口令验证的账户信息，这些账户在 Linux 系统中实际上是不存在的，仅供 FTP 服务程序进行认证使用。通过使用这种认证模式，如果黑客破解了账户信息，也无法用该账户登录服务器，因此是 3 种认证模式中最安全的一种认证模式。

2. 配置匿名用户 FTP

在众多 FTP 服务器软件中，VSFTPD 可以简便地配置匿名 FTP。下面是匿名 FTP 的配置示例。

例如，将/home/ftp 目录作为 FTP 根目录，允许所有 Internet 用户匿名访问，并且允许上传和下载目录中的文件。

(1) 创建匿名用户访问目录。

```
[root@server ~]# cd /home
[root@server home]#mkdir ftp
[root@server home]#chown ftp /home/ftp        //将目录属主改为ftp
```

(2) 用 VIM 编辑器打开并修改配置文件 vsftpd.conf，修改内容如下。

```
anonymous_enable=YES
anon_root=/home/ftp            //设置匿名用户的根目录为/home/ftp
anon_upload_enable=YES         //允许匿名用户上传文件
ftp_username=ftp               //定义匿名登录的用户账户为ftp
```

(3) 重启 FTP 服务。

```
[root@server ~]#/etc/init.d/vsftpd restart
```

重启 VSFTPD 服务器，就可以进行匿名访问。

14.2.4　本地用户认证模式登录 FTP

要利用 Linux 本地用户登录 FTP，必须先在系统中创建相应的登录账户。为提高系统安全性，最好将该账户设置成不能登录 Linux 系统。

例如，公司有一台 FTP 服务器，其 FTP 根目录为/home/ftp。为对此 FTP 服务器进行维护，允许员工 geyu 登录 FTP 且有创建与删除权限，但不能登录本地系统，且将其限制在/home/ftp 目录下。

(1) 创建用户 geyu。

```
[root@server ~]#useradd -d /home/ftp -s /sbin/nologin geyu //创建geyu用户
[root@server ~]#passwd geyu     //为geyu用户设置密码
```

(2) 编辑配置文件 vsftpd.conf，修改内容如下。

```
anonymous_enable=NO            //禁止匿名访问模式
local_enable=YES               //允许本地用户模式
```

```
write_enable=YES              //设置可写权限
local_umask=022               //本地用户创建文件的 umask 值
user_list_enable=YES          //启用 user_list
user_list_deny=NO             //仅 user_list 文件中名单可登录 FTP
local_root=/home/ftp          //设置 FTP 服务器根目录为/home/ftp
chroot_list_enable=YES        //启用例外文件 chroot_list
chroot_local_user=NO          //将例外文件中的用户限制在 FTP 根目录
chroot_list_file=/etc/vsftpd/chroot_list   //设置例外文件
allow_writeable_chroot=YES
```

（3）编辑登录黑白名单文件 user_list。

```
[root@server ~]#vim /etc/vsftpd/user_list
```

在文件中添加用户账户 geyu。根据本例中 userlist_deny 的设置，除 geyu 用户外其他用户均不能登录 FTP 系统。

（4）编辑例外文件 chroot_list。

```
[root@server ~]#vim /etc/vsftpd/chroot_list
```

在文件中添加用户账户 geyu，将 geyu 限制在 FTP 根目录。

（5）创建 FTP 根目录并设置权限。

```
[root@server ~]#mkdir /home/ftp
[root@server ~]#chown geyu /home/ftp
```

（6）重启 VSFTPD 服务。

```
[root@server ~]#/etc/init.d/vsftpd restart
```

14.2.5　FTP 的虚拟用户模式

尽管可以利用 Linux 本地用户认证登录 FTP，但若设置不当，用户会使用实体账户登录，可能会为服务器带来安全隐患。因此，为了 FTP 服务器的安全，可以使用虚拟用户模式，将虚拟账户映射为某一实体账户，而 FTP 用户使用虚拟账户访问服务器。

例如，某公司有一台 FTP 服务器，其 FTP 根目录为/home/ftp。现要求使用虚拟用户 user1、user2 访问服务器，且登录后只能查看文件，不能上传和删除文件。

（1）创建虚拟用户数据库文本文件。

```
[root@server ~]#vim /etc/vsftpd/vuser.txt
```

在该文件中按以下"一行虚拟用户名+一行密码"的格式建立虚拟用户数据。

```
虚拟用户名 1
虚拟用户 1 密码
```

(2) 使用 db_load 命令生成数据库文件。

```
[root@server ~]#db_load -T -t hash -f /etc/vsftpd/vuser.txt
/etc/vsftpd/vuser.db
```

(3) 创建虚拟用户对应的本地用户。

```
[root@server ~]#useradd -d /home/ftp -s /sbin/nologin vuser
```

(4) 建立 FTP 根目录并设置权限。

```
[root@server ~]#mkdir /home/ftp
[root@server ~]#chown vuser.vuser /home/ftp
```

(5) 配置 PAM 文件。

FTP 服务器要使用数据库对用户身份验证，需调用系统的 PAM 模块。Linux 的 PAM 模块的配置文件路径为/etc/pam.d，该目录下为与认证相关的配置文件，并且以相应的服务名称命名。例如，FTP 对应的配置文件为/etc/pam.d/vsftpd，将默认配置全部用#注释，然后加入以下字段。

```
[root@server ~]#vim /etc/pam.d/vsftpd
auth        required      pam_userdb.so      db=/etc/vsftpd/vuser
account     required      pam_userdb.so      db=/etc/vsftpd/vuser
```

(6) 修改 vsftpd.conf 主配置文件，修改内容如下。

```
anonymous_enable=NO
local_enable=YES
local_root=/home/ftp
write_enable=NO
chroot_local_user=YES
allow_writeable_chroot=YES
pam_service_name=vsftpd          //设置 PAM 模块为/etc/pam.d/vsftpd
guest_enable= YES                //启用虚拟账户
guest_username=vuser             //设置虚拟用户映射的本地用户为 vuser
virtual_use_local_privs=NO       //设置虚拟用户与匿名用户权限相同
```

14.3 FTP 客户端的使用

14.3.1 在 Linux 环境下访问 FTP 服务器

在 Linux 环境下可直接使用命令访问，在桌面环境下可使用浏览器或 FTP 客户端软件访问。

1. 使用命令访问

在 Linux 命令行中直接输入 ftp 命令进行访问。ftp 命令的格式如下。

```
ftp [-u  username] <ServerName>
```

各选项的含义如下。

- -u：用来指出访问 FTP 服务器的用户名称。对于匿名 FTP 服务器，可以是 anonymous 或 ftp。用户账户也可在登录时输入。
- ServerName：FTP 服务器的域名或 IP 地址。

例如，用 test 账户登录 FTP 服务器(IP 地址为 192.168.0.3)。

```
[root@server ~]# ftp -u test 192.168.0.3
password:
test@192.168.0.3:~>
```

在登录成功后，可使用 ls、mkdir 等命令进行操作，使用 exit 命令退出 FTP。使用 help 命令可给出命令帮助。

注意：

在对目录或文件进行操作时，如果没有相应权限，就会报错。

2. 使用浏览器访问

在 Debian Linux 桌面环境下可通过浏览器访问 FTP 服务器，方法是在浏览器的地址栏中输入"ftp://FTP 服务器的 IP 地址(或域名)"格式的地址。匿名 FTP 服务器可直接访问，非匿名 FTP 服务器需要输入用户名和密码。

3. 使用 FTP 客户端访问

FTP 客户端主要是指一些第三方软件。在 Linux 平台上有多种可用的 FTP 客户端软件，如 CuteFTP、gFTP、FileZilla、KFTPgrabber 等。

14.3.2　在 Windows 环境下访问 FTP 服务器

与 Linux 类似，在 Windows 环境下访问 FTP 服务器同样有命令方式、浏览器方式和客户端方式。

1. 使用 DOS 命令访问

在 Windows 命令行窗口，输入 ftp 命令可访问 FTP 服务器。

例如，在 Windows 命令行窗口，访问 192.168.0.3 匿名 FTP 服务器。

```
C:\Documents and Settings\Administrator>ftp 192.168.0.3
Connected to 192.168.0.3
User<192.168.0.3:<none>>:anonymous
Password:
230 Login successful.
ftp>
```

2. 使用浏览器访问

在 Windows 环境下也可使用浏览器访问 FTP 服务器，除所用浏览器不同外，方法相同。

 任务实施

1. 创建虚拟用户对应的本地用户

```
[root@server ~]#useradd -s /sbin/nologin vftp
```

2. 建立 FTP 根目录并设置权限

```
[root@server ~]#mkdir /home/ftp
[root@server ~]#chown vftp.vftp /home/ftp
```

3. 创建虚拟用户数据库文本文件

```
[root@server ~]#vim /etc/vsftpd/vuser.txt
```

在该文件中按以下"一行虚拟用户名+一行密码"的格式建立虚拟用户数据。

```
ftpuser
111111
ftpadmin
222222
```

4. 用 db_load 命令生成数据库文件

```
[root@server ~]#db_load -T -t hash -f /etc/vsftpd/vuser.txt
/etc/vsftpd/vuser.db
```

5. 设置数据库文件的访问权限

```
[root@server ~]#chmod 600 /etc/vsftpd/vuser.db
```

6. 配置 PAM 文件

```
[root@server ~]#vim /etc/pam.d/vsftpd
auth        required        pam_userdb.so        db=/etc/vsftpd/vuser
account     required        pam_userdb.so        db=/etc/vsftpd/vuser
```

7. 修改 vsftpd.conf 主配置文件

```
anonymous_enable=NO
```

```
local_enable=YES
local_root=/home/ftp
write_enable=NO
chroot_local_user=YES
allow_writeable_chroot=YES
pam_service_name=vsftpd              //设置 PAM 模块为/etc/pam.d/vsftpd
guest_enable= YES                    //启用虚拟账户
guest_username=vftp                  //设置虚拟用户映射的本地用户为 vftp
virtual_use_local_privs=NO           //设置虚拟用户与匿名用户权限相同
chroot_list_enable=YES               //启用例外文件 chroot_list
chroot_local_user=NO                 //将例外文件中的用户限制在 FTP 根目录
chroot_list_file=/etc/vsftpd/chroot_list    //设置例外文件
user_config_dir=/etc/vsftpd/vconf        //设置虚拟用户配置文件存放位置
```

8. 创建并编辑例外文件

```
[root@server ~]#vim /etc/vsftpd/chroot_list
ftpuser
ftpadmin
```

9. 创建并编辑虚拟用户 ftpuser 配置文件

```
[root@server ~]#vim /etc/vsftpd/vconf/ftpuser
anon_upload_enable=YES
local_max_rate=1048576
```

10. 创建并编辑虚拟用户 ftpadmin 配置文件

```
[root@server ~]#vim /etc/vsftpd/vconf/ftpadmin
anon_upload_enable=YES
anon_mkdir_write_enable=YES
anon_other_write_enable=YES
anon_umask=022
```

11. 重启 VSFTPD 服务

```
[root@server ~]#/etc/init.d/vsftpd restart
```

 思考和练习

一、选择题

1. 在使用匿名登录 FTP 时，用户名为(   )。

    A. users   B. anonymous   C. root   D. guest

2. 如果想配置一台匿名 VSFTPD 服务器，则应修改( )文件。

    A. /etc/vsftpd/gateway   B. /etc/vsftpd/ftpservers

    C. /etc/vsftpd/vsftpd.conf   D. /etc/vsftpd/inetd.conf

3. 退出 ftp 命令回到 shell，应输入( )命令。

    A. exit   B. quit   C. close   D. shut

4. FTP 服务使用的端口是( )。

    A. 21   B. 23   C. 53   D. 80

5. 下列几种软件中，不属于 FTP 服务器软件的是( )。

    A. WU-FTP   B. VSFTPD   C. CuteFTP   D. ProFTPD

6. 如果将某用户账户加入( )文件，则其肯定不能访问 FTP 服务器。

    A. ftpusers   B. userlist   C. chroot_list   D. user.txt

二、简答题

1. 简述 FTP 的工作原理。

2. Linux 平台上流行的 FTP 服务器软件有哪些，各有什么特点？

3. 配置一台匿名 FTP 服务器，要求对所有用户只有可读权限，没有可写权限。

实验 14

【实验目的】

1. 了解什么是 FTP 服务。

2. 熟悉 VSFTPD 的安装与配置。

【实验准备】

1. 安装 Debian Linux 的虚拟机一台。

2. Debian 系统的 ISO 文件。

【实验步骤】

(1) 安装 VSFTPD 软件。打开并编辑/etc/vsftpd.conf 文件以进行配置。

(2) 配置 FTP 虚拟主机，IP 地址为学生机的 IP 地址，要求仅能以新建的账户登录，并且拥有建立目录的权限。设置新建账户的家目录为 FTP 服务器的根目录。

(3) 建立用户账户(账户格式为学员姓名汉语拼音全部首字母)并同时创建用户主目录。

(4) 重启 FTP：/etc/init.d/vsftpd restart。

(5) 用新账户或其他账户登录 FTP，格式为 FTP ipaddress，写出结果。登录成功后，建立目录并使用 ls 命令查看结果。

(6) 配置匿名 FTP 服务器，以/home/ftp 目录作为 FTP 服务器的根目录，要求匿名账户在登录后仅有只读权限。

(7) 重启 FTP 服务并匿名登录 FTP 服务器。写出登录结果，尝试创建目录。

【实验报告要求】

1. 在实验步骤中写出完整的命令和两次配置文件的详细内容。

2. 在实验结果中写出在登录认证 FTP 服务器后创建目录和 ls 命令的运行结果。

3. 在实验结果中写出在登录匿名 FTP 服务器后创建目录和 ls 命令的运行结果。

项目六

组建应用服务器

任务 15　配置 Web 服务器

任务引入

　　某企业需要配置 Web 服务器作为企业员工的交流平台和企业财务软件的运行平台，同时作为对外进行信息发布的平台。其中，Web 服务器设置为双 IP 地址，财务部门的计算机位于 192.168.3.0/24 网段，其他网段由设计部、市场部等其他部门使用，如图 15.1 所示。Web 服务器的具体要求如下。

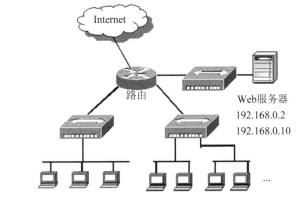

图 15.1　某企业 Web 服务器的网络拓扑结构

- IP 地址为 192.168.0.2 的 Web 服务器用于对外发布企业网站，站点域名为 www.example.com。
- 在企业内部建立供员工交流的 BBS，所有员工可通过 bbs.example.com 访问，Web 服务器的 IP 地址为 192.168.0.10。

- 企业已购置 B/S 架构的财务软件，只允许财务部的计算机访问。内部域名为 account.example.com，Web 服务器的 IP 地址为 192.168.0.10。

 任务实施流程

(1) 设置 Web 服务器网卡参数。

(2) 创建各网站的站点目录和权限。

(3) 安装 Web 服务器软件。

(4) 配置 Web 服务器。

15.1 WWW 原理

15.1.1 WWW 概述

要完成本任务，必须为企业网安装 Web 服务器。通常使用 Web 服务器存储 WWW 资源及发布网站。

WWW(World Wide Web)简称 Web，中文名为万维网，是由欧洲量子物理实验室于 1989 年研发出来的一种主从结构的分布式超媒体系统。由于 Web 采用了超链接，因此信息不再是固定的、线性的，而可以方便地从一个位置跳到另一个位置。用户在通过 WWW 访问信息资源时，无须关心技术性的细节，就可以迅速方便地取得丰富的信息资料。

现在，WWW 已成为 Internet 上最流行的信息传播方式。人们通过 Web 浏览新闻、相互交流、娱乐或办公。可以说，WWW 改变了人们的生活和工作方式，是 Internet 取得的最激动人心的成就。

WWW 采用的是 C/S 结构，客户端向服务器发出请求，服务器响应客户端的请求。

客户端向 Web 服务器提交请求时，往往通过 URL(Uniform Resource Locator，统一资源定位符)确定要访问资源的位置。

小知识：

URL 就是通常所说的网址，由 4 个部分组成，格式为

协议://服务器地址:端口/路径

- 协议：指出访问使用的协议类型，如 HTTP、FTP 等。
- 服务器地址：指出资源所在服务器的 IP 地址或域名。
- 端口：指出连接所用的端口号，默认端口号可省略。

● 路径: 指出服务器上资源的位置和名称。如果省略,则表示网站设置的默认文档(首页)。

Web 服务器的作用是存储 Web 资源,对客户端的请求进行处理,然后返回 Web 页面信息。根据 Web 服务的不同,可将 Web 服务器分为静态和动态两种。

静态网站指网站资源由静态网页构成。静态页面是一种采用 HTML(Hypertext Markup Language,超文本标记语言)编写的格式化电子文本,一经生成,内容将固定不变。所有客户端在访问时,服务器返回的页面内容是相同的。静态网站的缺点是缺少交互性及维护工作量大,优点是访问速度快。

动态网站由动态网页构成。动态网页是指采用 CGI、ASP、PHP、JSP 等动态网页技术编写的网页。当客户端访问时,Web 服务器可以利用这些动态技术实现在服务器端进行数据库查询等操作,并且对完成这一系列操作后的数据进行封装,动态产生 HTML 信息并返回给客户端。动态网页文件的扩展名通常是.cgi、.asp、.php、.jsp 等格式,静态网页文件的扩展名通常是.htm 或.html 格式。

15.1.2　Web 服务器软件

Web 服务器软件的种类非常多,包括 Nginx、Lighttpd、Zeus Web Server、Sun ONE、IIS 和 Apache 等。

IIS(Internet Information Services,Internet 信息服务)是由微软公司提供的基于 Windows 平台的 Internet 基本服务。IIS 最初是 Windows NT 版本的可选包,随后内置于 Windows 2000、Windows XP Professional 和各种 Windows Server 版本中。目前 IIS 的最新版本为 IIS 10,随 Windows Server 2016 和 Windows 10 以上的版本提供。

Apache 是 Apache HTTP Server 的英文简称,是由 Apache 软件基金会维护、开发的一种开源的 HTTP 服务器软件,具有跨平台和安全性较高的特点。随着不断发展和完善,Apache 与轻量级的 Nginx、Tomcat 以及微软的 IIS 等成为目前流行的 Web 服务器软件。

表 15.1 对 IIS 和 Apache 的性能进行了对比。

表 15.1　IIS 和 Apache 性能对比

特点	IIS	Apache
费用形式	内置于 Windows 系统中,须购买正版 Windows 软件	完全免费
配置难易	简单	相对复杂
稳定性	较弱	可长期工作
运行平台	Windows	Windows、Linux、UNIX、FreeBSD 等多种操作系统
扩展性	支持 ASP、Perl、CGI、PHP、Java	支持 Perl、CGI、PHP、Java

因为有着快速、低廉、升级容易、安全可靠等特点，Apache 的使用率一直在
Web 服务器软件市场中位居前列。

15.2　Apache2 的安装与配置

15.2.1　Apache2 的安装与启动

1. 安装 Apache2

Apache 的 HTTP 服务器目前使用的主要版本是 Apache2。Apache2 在原来版本
的基础上做了一些改进，例如，可在混合多进程/多线程下运行、能更好地支持非
UNIX 平台、新的 Apache API、对 IPv6 的支持等。不同的 Apache 版本的安装和配
置方法也不太相同。

在 Debian Linux 操作系统中，安装 Apache2 版本的命令如下。

```
apt-get install apache2
```

注意:

使用 apt-get install apache 命令将安装 Apache 1.3 版本。

安装结束后，系统会自动启动 Apache 并运行系统自带的默认虚拟主机。如果
在浏览器中输入 Web 服务器的地址，将会出现"It Works!"页面，表明 Apache 已
正常提供服务(如图 15.2 所示)。

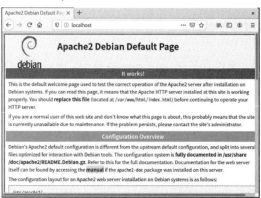

图 15.2　Apache2 运行的默认页

2. Apache2 的启动与停止

若 Apache2 没有启动，则可通过以下命令启动 Apache 服务器。

```
[root@server ~]#/etc/init.d/apache2 start
```

要停止运行 Apache 服务器，可使用如下命令。

```
[root@server ~]#/etc/init.d/apache2 stop
```

每次配置完成后，需要重新启动 Apache 服务器。

```
[root@server ~]#/etc/init.d/apache2 restart
```

15.2.2 Apache 的目录和文件结构

1. Apache 配置目录

安装好 Apache2 之后，/etc 目录下将多出一个 apache2 子目录，用于放置 Apache 的各种配置文件。

apache2.conf 是 Apache2 的主配置文件，不能轻易修改。该文件中包含以下文件。

- envvars：存放环境变量，一般无须修改。
- httpd.conf：Apache 1.3 版本的主配置文件，现在是空文件。
- ports.conf：用来设置 HTTP 服务端口的文件，默认设置是端口 80。
- magic：包含有关 mod_mime_magic 模块的数据，一般不需要修改。
- conf-available：存放一些可用的全局配置文件，如默认字符编码的设置等。
- conf-enabled：已启用的全局配置。
- mods-available：已经安装的可用模块。
- mods-enabled：已经启用的模块。
- sites-available：可用的虚拟主机。
- sites-enabled：已启动的虚拟主机。

2. 网站根目录

Apache 默认将网页文件存放在/var/www 目录下。通过设置 DocumentRoot 关键字，可以指定任意目录作为网站根目录。为了保持结构清晰，建议把所有网站文件都集中存放在/var/www 目录下并在该目录下创建存放各网站文件的子目录。

例如，Web 服务器发布了 3 个网站，域名分别为 www.example.com、bbs.example.com 和 account.example.com。可以创建以下 3 个目录，用于存放相应网站的内容。

```
[root@server ~]#mkdir /var/www/www.example.com
[root@server ~]#mkdir /var/www/bbs.example.com
[root@server ~]#mkdir /var/www/account.example.com
```

目录创建后，每个站点都有自己单独的目录，并且结构清晰，便于今后的维护。

3. 配置文件的结构

Apache 的配置文件很多，除系统配置文件(如 apache2.conf、port.conf 等)，还可自己创建配置文件，如创建各个虚拟主机的配置文件。所有配置文件的基本结构都类似。下面是主配置文件 apache2.conf 的部分内容。

```
# Include module configuration
Include /etc/apache2/mods-enabled/*.load
Include /etc/apache2/mods-enabled/*.conf
# Include all the user configurations
include /etc/apache2/httpd.conf
# Include ports listing
Include /etc/apache2/ports.conf
ServerRoot /etc/apache2
MaxKeepAliveRequests 50
```

从上面的配置可以看出以下内容。

- 主配置文件 apache2.conf 通过 include 包含文件读取其他目录或文件的内容。因此，在配置时，自己配置的内容可放在其他文件中，不要轻易修改主配置文件。
- 以#开头的是注释行，在执行时将被忽略。
- 各设置项以"参数　设定值"的格式配置。
- 关键字对大小写不敏感。
- 如果参数有多个设定值，则用空格隔开各个值。

15.2.3　Apache 的配置

Apache 的配置主要由以下三部分组成。

- 全局配置：主要配置 Apache 的运行环境及状态。
- 主服务配置：对 Apache 所运行网站的各个参数进行设置。在使用虚拟机时，这些参数将成为虚拟机配置中未定义参数的默认值。
- 虚拟主机配置：参数设置与主服务类似，只是这里的参数仅对虚拟主机有效。

1. 全局配置

主要配置服务器配置文件所在目录等影响整个 Apache 的参数。常用配置有以下几个(一般情况下，不需要修改系统默认配置)。

1) ServerRoot：设置 Apache 服务器配置文件所在目录。设置后，在配置时，设定文件可使用相对路径。

例如，对于下面的设置，日志文件的路径是/etc/apache2/log/error.log 而不是/log/error.log。

```
ServerRoot /etc/apache2
Errorlog log/error.log
```

2) Timeout：设置连接请求的最大延时。超过设置值时，连接将自动断开。

3) KeepAlive：设置为 on 表示在同一 TCP 连接中可进行多次请求。当用户完成一次访问后，不会立即断开连接，当后续有请求时，会继续在这一次 TCP 连接中完成，从而提高用户访问速度。如果使用了代理服务器，建议设置为 on。

4) MaxKeepAliveRequests：设置在持久连接期间允许的最大请求数。设置为 0 表示没有数量限制。

5) KeepAliveTimeout：设置在第一次连接后下次发送请求的最大时间间隔。超过设置值且没有下次传输请求时，将断开连接。

6) StartServers：设置服务器启动时建立的进程数。

7) MaxClients：设置 Apache 可同时处理的客户端请求的最大值，对服务器的性能影响最大。当请求数达到设定值时，任何客户都不能与服务器建立连接。

2. 主服务配置

主服务配置包括主服务和虚拟主机内部参数，主要设置 Web 服务器的地址、网站的根目录位置、首页等参数。

1) ServerName：设置服务器的主机名和端口。

例如，设置服务器的域名为 bbs.example.com，端口为 80。

```
ServerName bbs.example.com: 80
```

2) ServerAdmin：设置在返回给客户端的错误信息中包含的管理员邮件地址。

3) DocumentRoot：设置站点的主目录。这个主目录不包括网站中的一些链接及虚拟目录，例如，进行以下设置。

```
ServerName bbs.example.com
DocumentRoot /var/www/bbs.example.com
```

当用户访问 http://bbs.example.com/index.html 时，实际是访问/var/www/bbs.example.com/index.html 文件。

注意：

存放网站内容的目录应保证允许访问网站的所有用户对目录及其内容拥有读取和执行权限。

4) DirectoryIndex：设置网站的默认文档(首页)。

例如，设置网站默认文档是 index.html、default.html 和 index.php。

```
DirectoryIndex index.html default.html index.php
```

5) ErrorLog：设置服务器错误日志文件的位置和文件名。

6) LogLevel：用于调整记录在错误日志中的信息的详细程度。

7) CustomLog：设置用户访问日志的位置和名称。

例如，设置出错日志文件为/var/log/apache2/error.log，用户访问日志文件为

/var/log/apache2/user.log，日志记录级别为 warn。

```
ErrorLog /var/log/apache2/error.log
LogLevel warn
CustomLog /var/log/apache2/user.log
```

小知识：

日志记录详细程度的级别如下。

- emerg：紧急(系统崩溃)。
- alert：必须立即采取措施。
- crit：致命情况。
- error：错误情况。
- warn：警告。
- notice：一般重要。
- info：普通信息。
- debug：调试信息。

上述级别按详细程度排序。下层级别会包含上层级别的信息，如果 LogLevel 设置为 warn，那么包含 warn、error 直到 emerg 级别的信息也会被记录。

8) AllowOverride：针对.htaccess 文件，用来设置允许还是禁止这种文件的全部配置，或是仅允许这种文件的部分配置参数。默认是 all，即允许.htaccess 文件的全部配置。

小知识：

.htaccess 文件(分布式配置文件)提供了针对目录改变配置的方法，也就是在特定的文档目录中放置包含配置指令的文件，该文件用于此目录及其所有子目录的设置。

因此，Apache 有 3 种不同作用范围的配置：全局配置、虚拟主机配置和目录配置。.htaccess 隐含文件就是存放在 Web 站点的目录中且作用范围仅为目录的一种配置文件。

9) Allow：设置允许哪些主机访问，可根据主机名、IP 地址、网络地址或其他环境变量进行控制。

例如，允许来自 192.168.1.4~192.168.1.40 地址的主机访问。

```
Allow from 192.168.1.4 192.168.1.40
```

10) Deny：设置禁止哪些主机访问。

例如，禁止 192.168.1.0/24 网段和 192.168.2.0/24 网段的主机访问。

```
Deny from 192.168.1.0/24
Deny from 192.168.2.0/24
```

#仅写地址的前 1~3 个字节，用于子网限制

11) Order：设置 Allow 和 Deny 的有效顺序。可以是 Allow 在前，也可以是 Deny 在前，但作用不同。

① Allow 在前：Allow 在 Deny 之前被评估，默认拒绝所有访问。任何不匹配 Allow 或匹配 Deny 的访问都将被禁止。

例如，只允许来自 example.com 区域的主机访问。

```
Order Allow, Deny
Allow from example.com
```

② Deny 在前：Deny 在 Allow 之前被评估，默认允许所有访问。所有没有在 Deny 中设定的访问都将被允许。

例如，允许除 192.168.1.2 以外的其他主机访问。

```
Order  Deny, Allow
Deny   from  192.168.1.2
```

Apache 会根据 Order 的顺序来决定访问控制。如果 Allow 和 Deny 中的设置有冲突，起决定权的是 Order 中顺序在后的那个。在上例中，要允许除 192.168.1.2 以外的其他主机访问，还可按以下配置达到目的。

```
Order Allow, Deny
Allow from all
Deny  from 192.168.1.2
```

在上述配置中，尽管 Allow 是允许所有访问，但因为在 Order 中 Deny 顺序在后，所以还要看 Deny 的设定。而 Deny 禁止 192.168.1.2 主机，因此，除该主机外，其他主机可以访问。

在配置访问控制时，必须弄清 Order 顺序的先后，否则将无法达到预期效果。下面是两个错误示例。

错误示例 1：除来自 192.168.1.2 的主机可访问外，其他主机一律禁止访问。但按下列配置将导致所有主机都不能访问。

```
Order Allow, Deny
Allow from 192.168.1.2
Deny   from  all
```

错误原因：Deny 在后，起决定作用，因此会禁止所有访问。

解决办法：直接去除 Deny 语句或将 Order 中的顺序对调。

错误示例 2：禁止来自 192.168.1.0/24 网段的主机访问。但按下列配置将导致所有主机都可以访问。

```
Order Deny, Allow
```

```
Allow from all
Deny  from 192.168.1.0/24
```

错误原因：起决定作用的是 Order 中顺序在后的 Allow 语句，第 2 句设置允许所有访问，所以 Deny 不起作用。

解决办法：将第 1 句改为"Order Allow,Deny"即可。

15.3 配置虚拟主机

虚拟主机是一种将一台物理服务器的服务内容逻辑划分为多个服务单位，对外表现为多个服务器，从而充分利用服务器硬件资源和节约服务器成本的技术。

由于多台虚拟服务器共享一台真实的服务器资源，平均分摊了服务器的硬件费用、网络维护费用、通信费用，能够降低成本，因而许多企业在服务器建设中都采用这种技术。

可使用 Apache 在一台物理服务器上创建多台虚拟服务器。Apache 支持基于 IP 地址、基于端口号及基于域名的虚拟主机设置。

15.3.1 虚拟主机配置方法

1. 虚拟主机的配置文件

在 Apache 配置虚拟主机时，用户可自行创建虚拟主机的配置文件并放入 /etc/apache2/sites-available 目录。

例如，创建一台虚拟主机，要求将 Web 服务器的 IP 地址设置为 192.168.0.10，域名为 bbs.example.com，网站根目录位于/var/www/bbs.example.com，管理员邮箱为 litong@example.com。配置文件的文件名取名为 bbs.example.com。

```
#编辑虚拟主机配置文件
[root@server ~]vi /etc/apache2/sites-available/bbs.example.com
#下面对配置文件进行设置
<VirtualHost  192.168.0.10:80>
  ServerAdmin    litong@example.com
  DocumentRoot   /var/www/bbs.example.com
  ServerName   bbs.example.com
  Errorlog    /var/log/apache2/bbs.err.log
  CustomLog    /var/log/apache2/bbs.custom.log
</VirtualHost>
```

可见虚拟主机的配置是从<VirtualHost IP 地址:端口>开始到</VirtualHost>结束之间的部分。其中，各参数的设置与主服务配置的内容类似。

<VirtualHost IP 地址:端口>的作用是在指定的 IP 地址和端口建立虚拟主机。如果端口是服务器的默认端口(一般 Web 服务器为 80 号端口)，那么可以省略端口号。

2. 启用虚拟主机

新建好虚拟主机后，需要使用 a2ensite 命令启动虚拟主机，从而在 Apache 服务器重新启动后使虚拟主机的配置生效，Web 主机方可运行。

a2ensite 命令的格式如下。

```
a2ensite <配置文件名>
```

例如，启动新创建的虚拟主机，配置文件位于/etc/apache2/sites-available 目录，文件名为 www.example.com。

```
#a2ensite www.example.com
```

命令成功运行后，在/etc/apache2/sites-enabled 目录下将会出现与配置文件同名的链接文件，该链接文件指向/etc/apache2/sites-available 目录中的配置文件。

要禁用虚拟主机，可使用 a2dissite 命令。

例如，禁用 Apache 默认的虚拟主机 default。

```
[root@server /etc/apache2/sites-available]#a2dissite default
```

15.3.2　基于 IP 地址的虚拟主机设置

基于 IP 地址的虚拟主机设置是指配置服务器网卡绑定多个 IP 地址，每台虚拟主机使用其中一个 IP 地址。

例如，配置两台 Web 主机，要求一台主机的 IP 地址为 192.168.0.2，站点根目录位于/var/www/www.example.com；另一台主机的 IP 地址为 192.168.0.10，网站根目录位于/var/www/bbs.example.com。管理员的邮箱地址均为 litong@example.com。

```
<VirtualHost  192.168.0.2>
  ServerAdmin   litong@example.com
  DocumentRoot  /var/www/www.example.com
  ServerName   192.168.0.2
</VirtualHost>
<VirtualHost  192.168.0.10>
  ServerAdmin   litong@example.com
  DocumentRoot  /var/www/bbs.example.com
  ServerName   192.168.0.10
</VirtualHost>
```

在基于 IP 地址的虚拟主机设置中，IP 地址的设置不同，以及各网站根目录的位置不同。

15.3.3　基于端口的虚拟主机设置

在基于 IP 地址的虚拟主机设置中，由于每台主机都要使用独立的 IP 地址，因此在当前 IP 地址极为稀少的情况下浪费了地址资源。而在基于端口的配置方案中，所有虚拟主机可共用一个 IP 地址，但每台主机使用的端口号不一样。

例如，配置两台 Web 主机，要求共用 IP 地址 192.168.0.10，其中一台主机的端口号为 80，站点根目录位于/var/www/www.example.com；另一台主机的端口号为 8080，站点根目录位于/var/www/bbs.example.com。管理员的邮箱地址均为 litong@example.com。

```
<VirtualHost  192.168.0.10:80>
  ServerAdmin   litong@example.com
  DocumentRoot  /var/www/www.example.com
  ServerName    192.168.0.10:80
</VirtualHost>
<VirtualHost  192.168.0.10:8080>
  ServerAdmin   litong@example.com
  DocumentRoot  /var/www/bbs.example.com
  ServerName    192.168.0.10:8080
</VirtualHost>
```

由此可见，在基于端口的虚拟主机配置中，各虚拟主机的 IP 地址设置是相同的，但端口号设置不同。这时，在写配置时 IP 地址后面的端口号不能省略。

注意：

由于 Apache 的默认端口号为 80，当需要用到其他端口时，应修改 port.conf 文件，加上新的侦听端口。如果要编辑/etc/apache2/port.conf 文件，可进行如下设置。

```
Listen   80
Listen   8080
```

当客户端访问非默认端口的 Web 主机时，在输入 URL 时同样不能省略端口号。如果要访问 8080 端口号的主机，需要输入 http://192.168.0.10:8080。

15.3.4　基于域名的虚拟主机设置

基于端口的虚拟主机设置尽管仅使用单个 IP 地址，但客户端在访问时需要输入端口号，给使用带来了不便。基于域名的虚拟主机设置可在仅使用单个 IP 地址的情况下采用不同的主机域名访问虚拟主机，这是目前普遍采用的一种方法。

例如，配置两台 Web 主机，要求共用 IP 地址 192.168.0.10，其中一台主机的域名为 bbs.example.com，站点根目录位于/var/www/bbs.example.com；另一台主机的域名为 account.example.com，站点根目录位于/var/www/account.example.com。管理员的邮箱地址均为 litong@example.com。

```
NameVirtualHost  192.168.0.10: 80
<VirtualHost  192.168.0.10>
```

```
   ServerAdmin   litong@example.com
   DocumentRoot  /var/www/bbs.example.com
   ServerName    bbs.example.com
</VirtualHost>
<VirtualHost  192.168.0.10>
   ServerAdmin   litong@example.com
   DocumentRoot  /var/www/account.example.com
   ServerName    account.example.com
</VirtualHost>
```

其中，NameVirtualHost 用来指定服务器的 IP 地址，只适用于基于名称的多主机设置。

可见，在基于名称的虚拟主机设置中，各虚拟主机的 IP 地址和端口设置是一样的(默认端口号可省略)。但在 ServerName 设置中，服务器名称不同。

注意:

基于名称的虚拟主机设置必须通过 DNS 的正确解析才能使用，只能通过域名而不能通过 IP 地址访问。

 **任务实施**

1. 设置 Web 服务器的网络参数

Web 服务器有两个 IP 地址，分别是 192.168.0.2 和 192.168.0.10，只有一块网卡，需要在单网卡上绑定多个 IP 地址。

Debian Linux 的网卡参数是在/etc/network/interfaces 文件中配置的。

```
[root@server ~]# /vi /etc/network/interfaces
```

用 vi 命令打开/etc/network/interfaces 文件后，进行如下配置。

```
auto  ens33:0
iface ens33:0 inet  static
address  192.168.0.2
netmask  255.255.255.0
network  192.168.0.0
gateway  192.168.0.1
auto  ens33:1
iface ens33:1 inet  static
address  192.168.0.10
netmask  255.255.255.0
network  192.168.0.0
gateway  192.168.0.1
```

2. 创建各网站的根目录并设置权限

```
# 用于存放对外发布的企业网站目录
[root@server ~]#mkdir /var/www/www.example.com
# 用于存放企业内部员工 BBS 站点目录以及员工上传数据的目录
[root@server ~]#mkdir /var/www/bbs.example.com
[root@server ~]#mkdir /var/www/bbs.example.com/data
# 用于存放财务软件
[root@server ~]#mkdir /var/www/account.example.com
# 修改/var/www/account.example.com 目录用户组为财务部门
[root@server ~]#chgrp -R finance /var/www/account.example.com
# 修改/var/www/bbs.example.com/data 目录权限对所有用户都可写
[root@server ~]#chmod -R 777 /var/www/bbs.example.com/data
```

3. 修改 Apache 主配置文件的部分参数

```
# 设置默认首页文件
DirectoryIndex  index.html  index.php
# 减少 HTTP 服务器头信息的显示内容
ServerTokens  Prod
# 禁止浏览目录
Options  Indexes
# 禁止读取.htaccess 文件
AllowOverride  None
```

4. 创建 3 台虚拟主机的配置文件并分别进行配置

```
[root@server ~]#vi /etc/apache2/sites-available/www.example.com
[root@server ~]#vi /etc/apache2/sites-available/account.example.com
[root@server ~]#vi /etc/apache2/sites-available/bbs.example.com
```

提示：也可创建单个配置文件，将 3 台虚拟主机的配置写在一起。

其中，/etc/apache2/sites-available/www.example.com 文件的配置如下。

```
NameVirtualHost  192.168.0.2:80
<VirtualHost  192.168.0.2>
  ServerAdmin    litong@example.com
  DocumentRoot  /var/www/www.example.com
  ServerName  www.example.com
  Errorlog  /var/log/apache2/www.err.log
  CustomLog  /var/log/apache2/www.custom.log
</VirtualHost>
```

/etc/apache2/sites-available/account.example.com 文件的配置如下。

```
NameVirtualHost  192.168.0.10:80
<VirtualHost  192.168.0.10>
```

```
ServerAdmin   litong@example.com
DocumentRoot  /var/www/account.example.com
ServerName   account.example.com
Errorlog  /var/log/apache2/account.err.log
CustomLog  /var/log/apache2/account.custom.log
<directory /var/www/account.example.com>
  Order  Deny,Allow
  Deny  from  all
  Allow  from  192.168.3.0/24
</directory >
</VirtualHost>
```

/etc/apache2/sites-available/bbs.example.com 文件的配置如下。

```
NameVirtualHost  192.168.0.10:80
<VirtualHost  192.168.0.10>
  ServerAdmin   litong@example.com
  DocumentRoot  /var/www/bbs.example.com
  ServerName   bbs.example.com
  Errorlog  /var/log/apache2/bbs.err.log
</VirtualHost>
```

5. 启用虚拟主机

```
[root@server /etc/apache2/sites available]#a2ensite www.example.com
[root@server /etc/apache2/sites-available]#a2ensite account.example.com
[root@server /etc/apache2/sites-available]#a2ensite bbs.example.com
```

6. 重新启动 Apache 服务器以使配置生效

```
[root@server ~]#/etc/init.d/apache2  restart
```

 思考和练习

一、选择题

1. 目前，网站使用最多的 Web 服务器软件是(   )。

   A. IIS   B. Apache   C. PWS   D. SunOneWeb

2. Apache2 的主配置文件是(   )。

   A. httpd.conf   B. apache2.conf   C. apache.conf   D. port.conf

3. 在 Apache 中，要设置 Web 站点的根目录，应通过(   )配置语句来实现。

   A. ServerRoot   B. ServerName

   C. DocumentRoot   D. DirectoryIndex

4. 在 Apache 中，要设置 Web 站点的默认首页，应通过(　　)配置语句来实现。

    A. RootIndex   B. Indexes

    C. DocumentRoot   D. DirectoryIndex

5. Apache 不支持采用以下(　　)方式创建虚拟主机。

    A. 基于协议   B. 基于 IP 地址

    C. 基于端口   D. 基于主机名

6. 假设某公司内部有一台 Web 服务器由于总是在服务器使用高峰期出现服务器连接困难和连接超时的现象，经常遭到内部员工的抱怨。可以排除服务器系统过忙的问题，而且服务器有足够的内存和带宽，没有任何硬件和线路故障，服务器日志中也没有任何错误记录。除此之外，最有可能出现的原因是(　　)。

    A. MinSpareServers 的值设置过小

    B. MaxClients 的值设置过小

    C. MaxRequestPerChild 的值设置过小

    D. StartServers 的值设置过小

7. 要修改 WWW 服务的默认端口号，应修改以下(　　)参数设定。

    A. timeout   B. listen   C. maxclient   D. keepalive

8. 要启用某虚拟主机的配置，应使用以下(　　)命令。

    A. reload   B. a2ensite   C. start   D. restart

二、简答题

1. Web 服务的作用是什么？

2. 建立 Web 服务器，完成下列任务。

- 设置 Apache 服务器的根目录为/etc/apache。
- 设置超时时间为 300 秒。
- 设置客户端最大连接数为 500。
- 设置默认首页为 default.php。

3. 建立虚拟主机，完成下列设置。

- 建立 IP 地址为 192.168.1.1 的虚拟主机 1，对应站点根目录为/var/www/web1，仅允许 192.168.1.0/24 网段的主机访问。
- 建立 IP 地址为 192.168.2.1 的虚拟主机 2，对应站点根目录为/var/www/web2，设置除.test.com 域外的其他主机均可访问。
- 设置虚拟主机 1 对/var/www/web1 目录禁止使用目录浏览功能。

实验 15

【实验目的】

1. 掌握 Web 服务的概念。

2. 了解 Apache 的安装与配置。

3. 熟悉虚拟主机的配置。

【实验准备】

1. 一台安装有 Debian Linux 操作系统的虚拟机。

2. Debian 系统的 ISO 安装文件。

【实验步骤】

(1) 登录 Debian Linux 系统，使用 apt 命令安装 Apache2。

(2) 进入/etc/apache2 目录，了解 Apache 各配置文件的结构。

(3) 在/etc/apache2/sites-available/目录下创建站点配置文件并配置其中的内容，要求虚拟主机的 IP 地址为虚拟机的 IP 地址。

(4) 用 a2ensite 命令启用配置。使用 ls-l 命令查看/etc/apache2/sites-enabled 目录，写出创建的符号链接的指向。

(5) 在/var/www 下创建虚拟站点根目录,注意应与虚拟主机配置文件中的目录一致。

(6) 运行命令，重启 Apache2 服务以使配置生效。

(7) 在站点根目录下创建网页文件，要求在首页上包含自己姓名的相关信息。

(8) 运行浏览器，在地址栏中输入 IP 地址，观察运行情况。

【实验总结】

1. 记录虚拟主机的正确配置清单。

2. 记录在启用虚拟主机后使用 ls 命令查看的链接文件的结果。

3. 记录用浏览器观察到的运行结果并与网页文件比较。

任务 16　配置 DNS 服务器

 任务引入

某企业网建设有 Web 服务器、FTP 服务器、邮件服务器，企业网络拓扑结构如图 16.1 所示。现为方便企业员工访问各种网络服务，准备建设一台 DNS 服务器，

为企业网的各种应用服务器提供域名解析服务，域名解析仅服务企业内部网。具体要求如下。

- DNS 服务器的 IP 地址为 192.168.0.6，域名为 dns.example.com。
- 用户可通过 mail.example.com 访问邮件服务器(IP 地址为 192.168.0.4)。
- 用户可通过 ftp.example.com 访问 FTP 服务器(IP 地址为 192.168.0.3)。
- 用户可通过 www.example.com 访问企业 Web 服务器(IP 地址为 192.168.0.2)。
- 员工可通过 bbs.example.com 访问企业 Web 服务器中的 BBS(IP 地址为 192.168.0.10)。
- 财务部门的员工可通过 account.example.com 访问企业 Web 服务器中的财务软件(IP 地址为 192.168.0.10)。
- 内网客户端访问外网时，可通过企业的 DNS 服务器转发到电信 DNS 服务器(IP 地址为 61.177.7.1)。

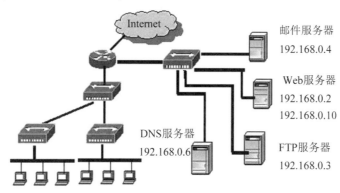

图 16.1　某企业网络拓扑结构

 任务实施流程

(1) 安装 DNS 服务器软件。

(2) 配置 DNS 服务器。

(3) 配置客户端。

(4) 测试 DNS 服务器。

16.1　DNS 服务概述

16.1.1　DNS 简介

DNS 是计算机域名系统(Domain Name System)或域名服务(Domain Name Service)的英文缩写，是一种为了便于访问 Internet 而采用的分布式域名/IP 地址查询和管理系统。有了 DNS，用户就可在知道主机域名而不知道主机 IP 地址的情况下轻松访问服务器。

Internet 基于 TCP/IP，网络中的主机要进行通信，必须使用 IP 地址。目前使用的 IPv4 地址由 32 位数字组成，尽管为便于记忆而转换成了 4 组十进制数，但让用户记住大量的纯数字十分困难，人们更希望用名称来代替复杂的数字。

最初人们使用特殊的文件(HOSTS 文件)来解决这个问题。HOSTS 文件是保存在计算机本地的一种文件，文件中记录了要通信主机的名称以及与主机对应的 IP 地址。

尽管 HOSTS 文件能帮助用户使用主机名访问网络资源，但每台主机独立地保存一份 HOSTS 文件，可能会造成数据不完整，从而无法访问网络。随着网络的快速发展，计算机的数量不断增长，HOSTS 出现了数据一致性、数据冲突等一系列问题。

HOSTS 存在的缺陷促使人们改用新的系统取代 HOSTS，因此出现了 DNS。

小知识：

目前的操作系统中仍然使用着 HOSTS 文件，如 Linux 系统中的/etc/hosts 文件或 Windows 系统中的 C:\windows\system32\drivers\etc\hosts 文件。可以在这种文件中写入常用的主机名和对应的 IP 地址，从而帮助将名称快速地解析为 IP 地址。

DNS 通过分布式管理可轻松进行维护工作。

DNS 采用分布式数据库，将名称解析信息分别存储在不同的 DNS 服务器中，增加了解析的可靠性。

DNS 采用层次型结构，所有的名称信息组成名称空间(域名空间)并划分出子空间以便提供分布式存储。

除了实现主机名和 IP 地址的转换功能外，DNS 还提供其他重要的服务，如主机别名、邮件服务器别名、负载分担等。

16.1.2　DNS 域名空间

DNS 的命名系统采用层次型逻辑结构，如同一棵倒置的树，被称为 DNS 树(如图16.2 所示)。树中的每个节点代表一个域，其中最顶层的节点称为根域(root)，根域有且只有一个。根域的下一层为顶级域(一级域)，顶级域的下层为二级域，再下层是子域，可根据需要规划，分为多级。在域中可以包含主机或子域。

域名的书写规则是从最下层到最顶层的根域反写。域名的最后以句点"."结尾，代表根，实际使用时通常省略这一点，但如今的 DNS 服务器会自动补上末尾的句点。

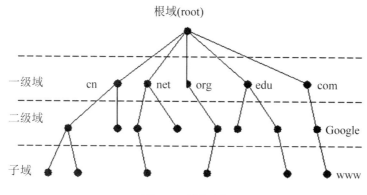

图 16.2　域名空间

Internet 的根域由 Internet 域名注册授权机构管理，该机构还负责管理一级域。共有如下 3 种类型的一级域。

- 组织域：表示 DNS 域中包含的组织，如.com、.gov、.org 等。
- 地理域：采用两个字符代表国家或地区，如.cn、.kr 等。
- 反向域：这是一种特殊域，名称为 in-addr.arpa，用于 IP 地址的反向查询。

二级域及子域由 Internet 域名注册授权机构授权给 Internet 的各种组织。当某个组织获得域名空间的某部分授权后，将负责命名所分配的域及子域，并对所分配域中主机和 IP 地址的映射信息进行管理。

企业想获得 Internet 域名，必须向相应有授权资格的组织申请，选择并注册二级域名(或其子域)，并以该域名作为企业的父域名。然后将父域名与公司的命名组织起来，形成子域名或主机域名。

如果仅在企业网内部域名解析，那么域名的命名与 Internet 无关，可自己组织域名。

16.2　DNS 服务器的安装与配置

16.2.1　安装 BIND9

目前最为流行的 DNS 服务器软件是 BIND。BIND 的英文全称是 Berkeley Internet Name Domain，是由美国加州大学伯克利分校开发的一款开放源代码的 DNS 服务器软件，支持各种 UNIX 平台和 Windows 平台。

BIND 当前主要使用的版本是 BIND9，此版本提供了多处理器支持、线程安全操作、增量区传(IXFR)、支持 IPv6、公开密钥加密等功能，具有高效、安全和可靠的特点。下面将安装和配置 BIND9 版本。

在 Debian Linux 下安装 BIND9 的命令如下。

```
[root@server ~]#apt-get install bind9
```

安装结束后，在/etc 目录下将会出现 bind 子目录，在此存放 BIND9 配置文件。同时，在/var 下会出现/var/cache/bind 目录，BIND9 一般将数据文件放在该目录下。

16.2.2 设置主配置文件

1. DNS 服务器的类型

根据作用不同，DNS 服务器可分为不同的类型。

- DNS 主服务器(Primary/Master Server)：记录区域的基本信息并作为区域的权威解析资料，同时也是辅助域名服务器信息的源。
- DNS 从服务器(Secondary/Slave Server)：作为主服务器的备份。当主服务器不可用时，也能正常域名解析。
- DNS 缓存服务器(Cache-Only Server)：高速缓存域名服务器，可将查询到的域名信息缓存在服务器上，下次直接在服务器上读取，从而节省带宽和等待时间。在 DNS 缓存服务器上没有任何授权域的配置信息。
- DNS 转发服务器(Forwarding Server)：本身没有域名的配置信息，但可向其他 DNS 服务器转发查询请求。通常，DNS 缓存服务器能够配置成可转发的 DNS 服务器。

BIND9 可以配置成以上不同的 DNS 服务器。服务器类型不同，配置方法也有区别。下面主要了解 DNS 主服务器的配置。

2. BIND9 的配置文件结构

BIND9 的配置文件存放在/etc/bind 目录下，其主要配置文件有 3 个，如下所示。

- /etc/bind/named.conf
- /etc/bind/named.conf.options
- /etc/bind/named.conf.local

其中，named.conf 是 BIND9 的主配置文件，在该文件中主要进行 DNS 服务器的全局配置。在 named.conf 中使用 include 关键字包含其他配置文件。

在 BIND9 的配置文件中，使用 zone 关键字来定义 DNS 区域，并使用 file 关键字指出区域文件的位置。

在区域文件中，每个区域文件定义了这个区域相关的 DNS 记录。例如，/etc/bind/db.root 文件是 BIND 自带的区域文件，该文件配置了 DNS 根目录的信息。BIND 在域名解析时，如果在本机找不到要解析的资料，则会根据该文件的设置到根服务器上去查询。一般情况下，该文件不需要修改。

DNS 的记录有多种类型，常用的有以下几种。

- A 记录(Address Record)：最常用的 DNS 记录，用来将主机名映射为 IP 地址。
- PTR 记录(Pointer Record)：反向解析记录，用来将 IP 地址映射成主机名。
- CNAME 记录(Alias Record)：别名记录，用来为现有的 A 记录定义别名。
- MX 记录(Mail Exchange Record)：邮件交换记录，用来指向邮件服务器。
- NS 记录(Name Server Record)：域名服务器记录，用来定义 DNS 服务器。

3. 主配置文件的设置

主配置文件主要用来设置 BIND9 服务的参数、进行日志文件的设置以及设置区域文件的位置，基本格式如下。

```
; named.conf
options {
  参数  参数值;
};
logging {
  参数  参数值;
};
zone  "区域名" {
  type  区域类型;
  file  区域文件;
};
```

其中各块的作用如下。

- options 块：用于设置 BIND 服务的参数，如侦听端口、工作目录等。
- logging 块：用于设置 BIND 服务的日志参数。
- zone 块：用于设置区域类型、区域文件位置等。

注意：

- 配置文件中以分号"#"开头的是注释行。
- 在写配置文件时，应注意区分字母大小写，因为 BIND 对大小写敏感。
- 在每行参数设置及块设置最后的大括号末尾都有一个";"号。
- 配置文件中的标点全部为英文标点。

1) options 块的参数设置

options 块可设置的参数很多，大部分无须修改。常用的参数如下。

- directory：用于定义服务器的工作目录，即存放区域配置文件(DNS 数据文件)的目录。指定该目录后，配置文件中的所有相对路径都基于此目录。如果没有指定，则默认是 BIND 启动的目录。

例如，设置服务器工作目录为/var/named，下列区域配置文件 test.com 的全路径名为/var/named/test.com。

```
options {
directory  "/var/named";
};
zone  "test.com" {
type  master;
file  "test.com";
};
```

注意:
如果区域配置文件使用绝对路径，将不受 directory 设置的影响。

- include：设置包含文件。
- listen-on port：设置 BIND 侦听 DNS 查询请求的本机 IP 地址及端口。如果不设置，就表示侦听本机所有 IP 地址收到的 DNS 查询请求。

例如，设置 DNS 侦听本机 192.168.0.6 的 53 端口的查询请求。

```
listen-on port 53 { 192.168.0.6 ; };
```

- allow-query：设置接受 DNS 查询请求的客户端。如果不设置，就表示接受所有客户端的 DNS 查询。

例如，设置仅接受 192.168.0.55 和 192.168.0.66 主机的 DNS 查询请求。

```
allow-query {192.168.0.55;192.168.0.66;};
```

- forwarders：设置转发服务器。如果设置有多台 DNS 服务器，则将依次尝试，直到获得查询结果为止。
- forward first|only：first 表示快速转发，DNS 查询将首先转发到由 forwarders 参数指定的服务器，然后通过本机查询；only 表示仅通过 forwarders 参数指定的服务器查询，不再进行本机查询。默认为 first。

例如，设置将客户端的 DNS 查询转发到电信 DNS 服务器(61.177.7.1)。如果没有查到，就在本机查询。

```
options {
  forwarders  {61.177.7.1;};
  forward  first ;
};
```

再如，设置将后缀为 test.com 的客户端 DNS 查询转发到 61.177.7.1。

```
zone  "test.com"  IN {
  type  forward ;
  forwarders  {61.177.7.1;};
};
```

- max-cache-size：设置最大缓存的大小。当达到设定值时，DNS 服务器会使记录提前过期以保证限制不被突破。
- recursive-clients：DNS 服务器同时为用户执行递归查询的最大值。默认为1000，每个递归查询大约占用 20KB 内存。
- tcp-clients：DNS 服务器同时接受的 TCP 连接的最大值，默认为 100。

2) logging 块的参数设置

系统默认将日志记录在/var/log/messages 文件。日志块设置的主要参数如下。

- file：设置日志文件的发送目标，可以是文件、空设备、屏幕等。
- severity：指定日志记录的级别。
- print-time：设置日志中是否记录时间。
- print-severity：设置日志中是否记录消息类别。

3) zone 块的参数设置

区域块主要设置 DNS 区域名称、类型及区域配置文件名称。

- 区域名称：设置 DNS 服务器要管理的名称，如 test.com。当创建了区域且区域中有相应的资源记录时，DNS 服务器可解析区域的信息。
- type：设置区域的类型，这对区域的管理非常重要。区域类型共有 6 种(见表 16.1)。

表 16.1 DNS 区域类型

类型	说明
hint	根域名服务器
master	DNS 主服务器
slave	DNS 从服务器
forward	为区域配置的转发设定
stub	和 slave 类似，但仅复制 DNS 主服务器的 NS 记录
delegation-only	用于强制区域的 delegation-only 状态

在配置 DNS 服务器时，常用类型为 master 和 slave，用于设置 DNS 主服务器和 DNS 从服务器。

- file：设置区域配置文件的名称。如果使用相对路径，就以 directory 中设置的目录为基础。

例如，配置正向解析区域 example.com，设置区域的类型为 DNS 主服务器，区域配置文件为/var/named/db.example.com。

```
zone  "example.com" {
  type  master ;
  file  "/var/named/db.example.com";
};
```

再如，已知区域 example.com 中的服务器属于 192.168.0.2/24 网段，配置反向解析区域，设置区域类型为 DNS 主服务器，区域配置文件为/var/named/ db.0.168.192。

```
zone  "0.168.192.in-addr.arpa" {
type  master ;
file  "/var/named/db.0.168.192";
};
```

注意：

反向区域名称的写法是反写 IP.in-addr.arpa。

16.2.3　设置区域配置文件

区域配置文件主要有两种：一种是正向解析区域文件，另一种是反向解析区域文件，二者的结构和配置方法大同小异。所谓区域配置文件，实际就是 DNS 的数据库，主要用来设置 DNS 的各种资源记录。下面是正向解析区域文件示例。

```
@        IN  SOA  dns.example.com.  hong.mail.example.com. (
         1   ;    Serial
    604800   ;    Refresh
     86400   ;    Retry
   2419200   ;    Expire
    604800 ) ;    Minimum TTL
@        IN  NS   dns.example.com.
dns      IN  A    192.168.0.6
mail     IN  A    192.168.0.4
www      IN  A    192.168.0.2
```

1. SOA 资源记录

SOA 资源记录为起始授权机构记录，是最重要的一种记录。该记录为存储在区域中的信息指明授权机构的起点或初始点，同样还包含由其他计算机使用的几个参数，这些参数会影响区域内的 DNS 服务器之间数据同步的频繁程度。

SOA 资源记录的格式如下。

```
@ IN SOA  DNS 主服务器的主机名   管理员邮箱地址(
序列号   刷新间隔   重试间隔   过期间隔    TTL 值)
```

其中各字段的含义如下。

- @：表示当前区域，即区域文件是为哪个区域创建的。
- IN SOA：表示记录类型为 SOA 记录。
- DNS 主服务器：指区域的 DNS 主服务器，这台服务器也是区域内其他 DNS 服务器获得信息的源。
- 管理员邮箱地址：负责维护 DNS 服务器的管理员邮箱地址。注意，在书写时要用符号"."代替符号"@"，如 root@test.com.要写成 root.test.com.。

- 序列号(serial)：指区域文件的修订版本号。每次区域中的记录有变化时，这个序列号就会增加。区域中的 DNS 辅助服务器将利用序列号来判断是否要进行数据更新。如果 DNS 主服务器的序列号比 DNS 辅助服务器的序列号大，那么 DNS 主服务器将传送最新的记录到 DNS 辅助服务器。
- 刷新间隔(refresh)：DNS 辅助服务器请求与 DNS 主服务器同步的时间间隔。在达到设置时间后，DNS 辅助服务器将与 DNS 主服务器比较序列号。如果有变化，就进行数据同步。默认为 900 秒。
- 重试间隔(retry)：DNS 辅助服务器在请求传输失败后，等待再次请求区域传输的时间间隔。默认为 600 秒。
- 过期间隔(expiry)：当该时间到期后，如果 DNS 辅助服务器仍无法与 DNS 主服务器进行区域传输，则认为服务器上的数据不可信，将丢弃对应数据。
- 最小 TTL(time-to-live，生存期)：这是针对缓存的时间间隔。一旦达到生存期,DNS 服务器必须丢弃缓存数据并从授权的 DNS 服务器中重新获取数据，从而确保域数据在整个网络上的一致性。

注意：

SOA 记录一般是文件中列出的第一条资源记录，并且在区域中 SOA 记录必须唯一。SOA 记录中的"("必须和 SOA 写在同一行。

2. NS 记录

NS 记录的格式如下。

```
区域名    IN   NS    权威DNS 服务器的主机名
```

NS 记录用来指定区域中的权威 DNS 服务器。通过在 NS 记录中指出权威 DNS 服务器的主机名，区域中的其他 DNS 服务器将得知本区域的权威服务器。在多台 DNS 服务器之间，权威 DNS 服务器对指定的区域有权威解释权。

例如，设置 example.com 区域的权威 DNS 服务器为 dns.example.com。

```
example.com.       IN   NS     dns.example.com.
```

或

```
@      IN   NS    dns.example.com.
```

3. A 记录

A 记录是资源记录中使用最多的一种，用于将指定的主机名解析为对应的 IP 地址，格式如下。

```
主机名    IN   A   IP 地址
```

例如，设置一条 A 记录，其中主机 www.example.com 对应的 IP 地址为192.168.0.2。

```
www.example.com.      IN    A     192.168.0.2
```

在设置时，如果主机所在区域为 example.com，那么上述 A 记录也可写成如下形式。

```
www      IN    A     192.168.0.2
```

4. CNAME 记录

CNAME 记录用于为某个主机指定别名，格式如下。

```
别名   IN   CNAME    主机名
```

例如，某企业 Web 服务器的域名为 web.test.com，但实际访问时使用主机名www.test.com。

```
www.test.com.      IN    CNAME    web.test.com.
```

5. MX 记录

MX 记录用来指定区域内邮件服务器的主机名，格式如下。

```
区域名   IN   MX    优先级    邮件服务器的名称
```

例如，设置区域内的邮件服务器为 mail.example.com。

```
@    IN   MX    10    mail.example.com.
```

6. PTR 记录

PTR 记录与 A 记录相反，用来反查 IP 地址与主机名的对应关系。PTR 记录的格式如下。

```
反写IP 地址.in-addr.arpa.    IN   PTR    主机名
```

例如，主机 www.example.com 对应的 IP 地址为 192.168.0.2，为之设置一条 PTR记录。

```
2.0.168.192.in-addr.arpa.    IN   PTR    www.example.com.
```

如果上述记录所在的反向区域为 0.168.192.in-addr.arpa.，那么上述记录也可简写成如下形式。

```
2    IN   PTR    www.example.com.
```

注意:

在写区域配置文件时,注意资源记录中用到的所有主机名、邮箱地址等要在名称的最后写上符号"."。

16.2.4 DNS 服务的启动和停止

BIND 主配置文件以及各区域配置文件全部设置好后,需要重新启动 DNS 服务。

1. 启动 DNS 服务

```
[root@server ~]#/etc/init.d/bind9  start
Starting named:                          [OK]
```

2. 停止 DNS 服务

```
[root@server ~]#/etc/init.d/bind9  stop
Stopping named:                          [OK]
```

3. DNS 服务的重新启动

```
[root@server ~]#/etc/init.d/bind9  restart
Stopping named:                          [OK]
Starting named:                          [OK]
```

16.3 客户端的配置

16.3.1 在 Linux 下配置 DNS 客户端

在 Linux 系统中,与 DNS 域名解析相关的文件有 3 个: /etc/host.conf、/etc/hosts 和/etc/resolv.conf。

1. /etc/host.conf
/etc/host.conf 文件主要用来定义域名解析的搜索顺序。

例如,设置域名解析的搜索顺序为先搜索 hosts 文件,再查询 DNS 服务器。

```
Order  hosts,dns
```

2. /etc/hosts
/etc/hosts 文件用来配置本机解析的主机名和 IP 地址对应记录。

例如,查看/etc/hosts 文件的内容。

```
[root@server /etc]# cat hosts
127.0.0.1     localhost
192.168.0.6   dns.example.com
```

3. /etc/resolv.conf

/etc/resolv.conf 文件用来定义 DNS 服务器的 IP 地址。

例如，设置 DNS 主服务器的 IP 地址为 192.168.1.10、DNS 服务器辅助的 IP 地址为 192.168.2.10，/etc/resolv.conf 文件的配置如下。

```
nameserver    192.168.1.10
nameserver    192.168.2.10
```

因此，在一般情况下，Linux 系统的 DNS 客户端仅需要在/etc/resolv.conf 文件中修改 DNS 服务器的 IP 地址。

16.3.2 在 Windows 下配置 DNS 客户端

在 Windows 下，可方便地使用图形化界面设置 DNS。

(1) 选择【开始】→【Windows 系统】→【控制面板】。

(2) 在打开的【控制面板】窗口中选择【网络和 Internet】下的【查看网络状态和任务】选项。

(3) 在打开的【网络和共享中心】窗口中单击【更改适配器设置】选项，在打开的窗口中右击想要设置的网络适配器，选择【属性】选项，会打开【以太网 属性】对话框(如图 16.3 所示)。

(4) 在【以太网 属性】对话框的列表框中选择【Internet 协议版本 4(TCP/IPv4)】选项，单击【属性】按钮，打开【Internet 协议版本 4(TCP/IPv4)属性】对话框。

(5) 在【Internet 协议版本 4(TCP/IPv4)属性】对话框中，选中【使用下面的 DNS 服务器地址】单选按钮，输入 DNS 服务器的 IP 地址即可(如图 16.4 所示)。

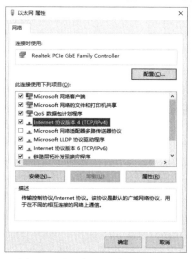

图 16.3 【以太网 属性】对话框

图 16.4 设置 DNS 服务器地址

16.4　测试 DNS 服务器

可用于测试 DNS 服务器的工具软件主要有 nslookup、dig、host 等，其中 nslookup 最为常用。

nslookup 命令有两种使用模式：非交互模式和交互模式。

1. 非交互模式

在非交互模式下，使用 nslookup 命令的格式如下。

```
nslookup [-option] [hostname] [server]
```

- -option：命令选项。例如，可以使用-qt 选项设置 nslookup 测试的 DNS 记录类型。
- hostname：设置要查询的主机名称。
- server：设置用来查询的 DNS 服务器。如果省略，则表示使用本机设置的 DNS 服务器。

例如，查询 test.com 区域的邮件服务器记录。

```
nslookup -qt=mx test.com
```

2. 交互模式

直接输入 nslookup 命令，将出现>提示符。

例如，本机设置的 DNS 服务器为 dns.example.com，IP 地址为 192.168.0.6，输入 nslookup 命令后的结果如下。

```
[root@server ~]#nslookup
Default Server: dns.example.com
Address: 192.168.0.6
>
```

在>提示符后可输入以下命令。

- help：在提示符后输入 help 将列出 nslookup 交互模式下的命令列表。
- server：设置指定的 DNS 服务器。
- set type：设置查询的类型。
- exit：退出交互模式，回到 shell。

例如，使用 nslookup 命令查询 example.com 区域、ftp.example.com 主机，并对 IP 为 192.168.0.4 的地址进行反向查询。

```
[root@server ~]#nslookup
>set type = any              #设置可查所有类型
>example.com                 #查询 example.com 区域
>ftp.example.com             #查询 tfp.example.com 主机
```

```
>192.168.0.4                              #反向查询
>exit
[root@server ~]#
```

 任务实施

1. 编辑/etc/bind/named.conf.options 文件并设置 DNS 服务器工作目录

```
[root@server ~]#vi /etc/bind/named.conf.options
options{
  directory  "/var/cache/named";
};
```

2. 编辑/etc/bind/named.conf.options 文件并配置 DNS 转发设置

```
[root@server ~]#vi /etc/bind/named.conf.options
options{
  forwarders  {61.177.7.1;};
  forward  first ;
};
```

3. 编辑/etc/bind/named.conf.local 文件并设置正反向区域

```
[root@server ~]# vi /etc/bind/named.conf.local
#设置正向解析区域 example.com
zone  "example.com"{
  type  master ;
  file  "db.example.com";
};
#设置反向解析区域 0.168.192.in-addr.arpa
zone  "0.168.192.in-addr.arpa"{
  type  master ;
  file  "db.192.168.0";
};
```

4. 创建并编辑正向区域文件 db.example.com

```
[root@server ~]#vi /var/cache/named/db.example.com
;
; BIND data file for example.com
;
$TTL  604800
@       IN  SOA  dns.example.com.   root.mail.example.com.(
        1  ;  Serial
   604800  ;  Refresh
    86400  ;  Retry
```

```
     2419200    ;   Expire
      604800 )   ;   Negative Cache TTL
;
@        IN   NS   dns.example.com.
@        INMX 10   mail.example.com.
dns      IN   A    192.168.0.6
mail     IN   A    192.168.0.4
www      IN   A    192.168.0.2
account  IN   A    192.168.0.10
bbs      IN   A    192.168.0.10
ftp      IN   A    192.168.0.3
```

5. 创建并编辑反向区域文件 db.192.168.0

```
[root@server ~]#vi /var/cache/named/db.example.com
;
; BIND reverse data file for 192.168.0
;
$TTL  604800
@        IN  SOA   dns.example.com.   root.mail.example.com.(
         1    ;   Serial
    604800    ;   Refresh
     86400    ;   Retry
   2419200    ;   Expire
    604800 )  ;   Negative Cache TTL
              ;
@        IN   NS   dns.example.com.
6        IN   PTR  dns.example.com.
4        IN   PTR  mail.example.com.
2        IN   PTR  www.example.com.
10       IN   PTR  account.example.com.
10       IN   PTR  bbs.example.com.
3        IN   PTR  ftp.example.com.
```

6. 重新启动 DNS 服务

```
[root@server ~]#/etc/init.d/bind9 restart
```

 思考和练习

一、选择题

1. 在 Internet 管理结构的最高层域划分中，表示教育机构的是(　　)。

    A. .com   B. .edu   C. .gov   D. .org

2. 在下列名称中，不属于 DNS 服务器类型的是(　　)。

A. Primary/Master Server   B. Secondary/Slave Server

C. Samba   D. Cache-Only Server

3. 在 DNS 配置文件中，用于表示某主机别名的是(   )。

A. NS   B. CNAME   C. NAME   D. CN

4. 以下可以完成主机名与 IP 地址的正向解析和反向解析任务的命令是(   )。

A. nslookup   B. arp   C. ifconfig   D. dnslook

5. 在 DNS 服务器中，如何在区域文件中指定管理区域的管理员邮箱为 hostmaster@foo.com？(   )

A. 在注册区域时指定

B. 将 hostmaster@foo.com 放入 SOA 记录的第二块空间内

C. 在区域文件中创建 MAIL TO hostmaster@foo.com 的记录

D. 将 hostmaster.foo.com 放入 SOA 记录的第二块空间内

6. 以下对 DNS 服务器的描述中，正确的是(   )。

A. DNS 服务器的主配置文件是/etc/named/dns.conf

B. 配置 DNS 服务器，仅需要配置文件/etc/named/named.conf

C. 配置 DNS 服务器时，正向和反向区域文件必须同时配置

D. 配置 DNS 服务器，通常需要配置主配置文件和相应的区域配置文件

7. 在 Linux 操作系统中，负责 DNS 服务的软件是(   )。

Λ. BIND   B. Apache   C. quoda   D. Samba

8. 要设置 DNS 转发，可在配置文件中通过(   )来实现。

A. forwarders   B. zone   C. SOA   D. retry

9. 下列参数中，用来设置 DNS 数据文件位置的是(   )。

A. forwarders   B. zone   C. directory   D. location

10. DNS 反向解析记录的标志是(   )。

A. A   B. PTR   C. CNAME   D. MX

二、简答题

1. 什么是 DNS 服务？

2. 配置 DNS 服务器，要求如下。

- DNS 服务器的域名为 nd.linux.org，主机的 IP 地址为 192.168.3.2。

- 负责解析区域 linux.org。

- 在 linux.org 区域中分别建立记录 www 指向 192.168.3.3，邮件服务器指向 192.168.3.4，域名指向 mail.linux.org。

- 要求能正反向解析。

实验 16

【实验目的】

1. 了解 DNS 服务器的工作原理。

2. 熟悉 DNS 服务器的安装与配置。

【实验准备】

1. 两台安装有 Debian Linux 的虚拟机，分别是 PC1(IP 为 192.168.x.1，x 为学号后 2 位)、PC2(IP 为 192.168.x.2)。

2. Debian 系统的 ISO 安装文件。

3. PC2 虚拟机的 Linux 系统中均配置好 Web、FTP 和 EMAIL 服务(使用虚拟机快照还原)。

【实验步骤】

(1) 在 PC1 中，使用 apt 命令安装 BIND9 软件。

(2) 打开并编辑/etc/bind/named.conf.local 文件，要求如下。

● 配置 DNS 服务器的 IP 地址为 PC1 虚拟机的 IP 地址。

● 配置 ZONE 为 XXXX.org，其中 XXXX 为姓名拼音。

● 设置 directory 为/var/named。

(3) 在/etc/bind 目录下创建区域资源文件并进行配置，要求设置 PC2 虚拟机中 WWW、FTP 和 EMAIL 服务的主机记录。

(4) 在/etc/bind 目录下创建反向映射资源文件。

(5) 修改 PC1 和 PC2 的 DNS 服务器 IP 地址(修改/etc/resolv.conf 文件)。

(6) 重启 DNS 服务。

(7) 使用 nslookup 或 dig 命令测试 DNS。

(8) 在 PC1 中访问 PC2 中的 Web、FTP 和 EMAIL 服务，测试 DNS 能否正常解析。

【实验总结】

1. 记录所配置的 DNS 所有配置文件的配置清单。

2. 记录使用 nslookup 或 dig 正反测试的结果。

3. 记录在 PC1 中用域名访问 Web 和 FTP 站点以及访问 EMAIL 的结果。

任务 17　配置邮件服务器

 任务引入

某公司要建立邮件服务器，统一为员工设置企业邮箱，要求如下。

- 邮件服务器的域名为 mail.example.com，IP 地址为 192.168.0.4。
- 设置用户别名，要求将发送给 market 的邮件转发给用户 zhaoyong、geyu、shenfang；将发送给 finance 的邮件自动转发给用户 litong 和 wangju。
- 使用 SMTP 认证，认证机制为 shadow。

 任务实施流程

(1) 安装 Postfix 和 Dovecot 软件。

(2) 配置 Postfix。

(3) 配置 Dovecot。

(4) 配置客户端。

17.1　邮件服务概述

电子邮件是 Internet 最基本、最重要的服务之一，在互联网上的应用频率仅次于 WWW 服务。通过电子邮件，用户可与远程用户进行经济、方便的信息交流。与传统邮政系统相比，电子邮件具有快捷、经济、内容丰富的特点；与即时通信工具相比，电子邮件具有通用性和权威性的特点。

17.1.1　电子邮件系统简介

1. 电子邮件系统的组成

电子邮件系统由 MUA、MTA 和 MDA、MRA 等部分组成。

1) MUA

MUA 是邮件用户代理(Mail User Agent)的英文简称，主要用于帮助用户发送和收取电子邮件。用户在收发邮件时，客户端需要通过各个操作系统提供的 MUA 才能使用邮件系统。MUA 是应用于客户端的软件，是用户和 MTA 间的接口。

目前常用的 MUA 有 Outlook、Foxmail、Evolution、Thunderbird 等。

2) MTA

MTA 是邮件传输代理(Mail Transfer Agent)的英文简称，即通常所说的邮件服务器。MDA 的作用是监控和传送邮件。MTA 根据电子邮件的地址找到相应的邮件服务器，将信件在服务器间传递。MTA 是应用在服务器端的软件，接收外部主机寄来的信件并发送给目的 MTA。

目前常见的 MTA 有 Exchange、Mdaemon、Imail、Sendmail、Postfix 以及 Qmail 等。

3) MDA

MDA 是邮件传递代理(Mail Delivery Agent)的英文简称。MDA 将 MTA 接收的信件依照信件的流向(送到哪里)放置到本机账户下的邮件文件中(收件箱)，并且对邮件进行垃圾过滤、病毒查杀等。

4) MRA

MRA 是邮件接收代理(Mail Receive Agent)的英文简称。MRA 通过 POP 与 IMAP 等协议与 MUA 交互，将邮件从 MDA 收取到用户的收件箱中。常见的 MRA 有 Dovecot。

2. 电子邮件协议

要实现电子邮件系统，邮件在上述各部分之间传递时还要依赖相关的协议。当前常用的电子邮件协议包括以下几种。

1) SMTP

SMTP 是简单邮件传输协议(Simple Mail Transfer Protocol)的英文简称，是一种为用户提供高效、可靠的邮件传输的协议，监听端口为 25。SMTP 主要用于传输系统之间的邮件信息并提供与来信有关的通知。SMTP 的工作分为两种情况：一是电子邮件从客户机传输到服务器；二是从某个服务器传输到另一个服务器。

2) POP3

POP3 是邮局协议(Post Office Protocol 3)的英文简称，用于电子邮件的接收，监听端口为 110。POP3 采用 C/S 工作模式，允许用户从服务器上将邮件存储到本地主机(即自己的计算机)上，同时根据客户端的操作删除或保存邮件服务器上的邮件。

3) IMAP

IMAP 是 Internet 消息访问协议(Internet Message Access Protocol)的英文简称,用于从远程服务器上访问电子邮件。与 POP 3 一样，IMAP 也被用来读取服务器上的电子邮件，但它要求客户端先登录服务器，然后才能进行邮件的存取。IMAP 允许用户通过浏览信件头来决定是否要下载这些邮件，此外，用户也可以在服务器上对邮件实现删除等操作。

IMAP 和 POP3 都是用来处理接收邮件的，但两者在机制上却有所不同。POP3 将邮件下载到本地供用户阅读，而 IMAP 的邮件保留在服务器上，因此用户在访问电子邮件时，需要持续访问服务器。

3. 邮件服务器和电子邮箱

1) 邮件服务器

邮件服务器是指在网络中运行相应协议并负责接收和发送电子邮件的服务器。

邮件服务器主要分为以下两种。

- 邮件交换服务器：运行 SMTP 协议并负责用户邮件转发工作的服务器。
- 邮件接收服务器：运行 POP3 或 IMAP 协议并负责接收邮件和存储的服务器。

在规划邮件服务器时，网络管理员可根据需要，将两种服务器合在一台计算机上运行，或者采用多台计算机分别运行。

2) 电子邮箱

电子邮件是指用户在邮件服务器上申请的邮箱，用于存放用户的邮件。电子邮件的格式为用户名@服务器域名，如 zhang@mail.example.com。

17.1.2 常见的邮件服务器软件

部署一个电子邮件服务器，需要分别安装用于邮件接收和中转、邮件接收功能的软件。

1. 邮件交换服务

邮件交换服务软件用于邮件的接收和中转，使用 SMTP 协议。常见的邮件交换服务有 Sendmail、Qmail、Exim、Postfix、Zmailer 等。

Sendmail 是运行在 UNIX 平台下，基于 SMTP 协议的电子邮件传输软件，于 1982 年由艾瑞克 • 奥尔曼(Eric Allman)在加州大学伯克利分校开发成功，是目前使用最广泛、时间最悠久的邮件服务器软件，许多 UNIX 体系的操作系统中都默认内置了该软件。

Postfix 是由任职于 IBM 的荷兰籍研究员维泽 • 维尼马(Wietse Venema)在 GPL 协议下开发的。根据 Postfix 官方网站的介绍，设计的初衷是开发一款更快、更安全、更易于管理，同时还和 Sendmail 保持足够兼容的软件以取代 Sendmail。

与 Sendmail 相比，Postfix 具有以下特点。

- 更快：Postfix 在性能上大约比 Sendmail 快 3 倍。一部运行 Postfix 的台式 PC 每天可以收发上百万封邮件。
- 更灵活：采用模块化设计。Postfix 由若干个小程序组成，每个程序完成特定的功能。用户可以通过配置文件设置每个程序的运行参数。
- 更健壮：在重负荷之下仍然可以正常工作。当系统运行超出可用的内存或磁盘空间时，Postfix 会自动减少运行进程的数目。当处理的邮件数目增长时，Postfix 运行的进程不会增加。
- 更安全：具有多层防御结构，能够更有效地抵御恶意入侵。

本任务将采用 Postfix 作为邮件交换服务器软件。

2. 邮件接收服务

邮件接收服务使用 POP3 或 IMAP 协议，负责接收邮件，常用软件为 Dovecot。

Dovecot 是一个开源的软件，支持 Linux/UNIX 系统，由蒂莫·西莱宁(Timo Sirainen)开发，最初发布于 2002 年 7 月。Dovecot 在安全性方面比较出众，同时支持多种认证方式，因此在功能方面符合常规的应用。

17.2 Postfix 的安装和配置

17.2.1 Postfix 的安装与启动

1. 安装 Postfix 软件

使用 apt 命令可方便地安装 Postfix 软件。

```
[root@debian1 /home/hong]#apt-get install postfix
```

系统会自动安装 postfix-mysql 等一系列软件(如图 17.1 所示)。

```
root@debian:/home/yzzd# apt-get install postfix
正在读取软件包列表... 完成
正在分析软件包的依赖关系树
正在读取状态信息... 完成
建议安装:
  procmail postfix-mysql postfix-pgsql postfix-ldap postfix-pcre postfix-lmdb postfix-sqlite
  sasl2-bin | dovecot-common resolvconf postfix-cdb ufw postfix-doc
下列【新】软件包将被安装:
  postfix
升级了 0 个软件包，新安装了 1 个软件包，要卸载 0 个软件包，有 13 个软件包未被升级。
需要下载 0 B/1,548 kB 的归档。
解压缩后会消耗 4,317 kB 的额外空间。
获取:1 cdrom://[Debian GNU/Linux 10.8.0 _Buster_ - Official i386 DVD Binary-1 20210206-10:47] bust
er/main i386 postfix i386 3.4.14-0+deb10u1 [1,548 kB]
正在预设定软件包 ...
正在选中未选择的软件包 postfix。
(正在读取数据库 ... 系统当前共安装有 143173 个文件和目录。)
准备解压 .../postfix_3.4.14-0+deb10u1_i386.deb ...
正在解压 postfix (3.4.14-0+deb10u1) ...
正在设置 postfix (3.4.14-0+deb10u1) ...
正在添加组"postfix" (GID 125)...
```

图 17.1 安装 Postfix

2. 启动 Postfix

在安装后，Postfix 会自动启动。如果没有启动，则可用以下命令启动 Postfix。

```
[root@server ~]#/etc/init.d/postfix start
```

使用 stop 参数可停止 Postfix 的运行。

```
[root@server ~]#/etc/init.d/postfix stop
```

如果要重新启动 Postfix，可使用 restart 参数。

```
[root@server ~]#/etc/init.d/postfix restart
```

17.2.2　Postfix 的配置

1. Postfix 配置文件

安装完成后，还需要对 Postfix 进行设置。Postfix 的配置文件位于/etc/postfix 目录，主要配置文件有 main.cf 和 master.cf。

/etc/postfix/main.cf 是 Postfix 的主配置文件，几乎所有的 Postfix 参数都可以在这里设置。

/etc/postfix/master.cf 是 Postfix 的 master 进程的配置文件，主要用来设置 Postfix 运行时的参数。默认情况下，该文件已配置完成，不需要修改。

2. 配置文件的语法格式

1) 语法格式

在 main.cf 文件中，用来控制 Postfix 行为的参数都是以类似变量的形式存在的，格式如下。

```
参数 = 参数值
```

例如，设置 Postfix 的主机名称为 mail.mydomain.com。

```
myhostname = mail.mydomain.com
```

这里的 mail.mydomain.com 是参数 myhostname 的值。参数可看作变量，在参数前加$符号可引用该变量的值。

例如，设置 Postfix 的域名。

```
myorigin = $myhostname
```

以上命令与如下命令意义相同。

```
myorigin = mail.mydomain.com
```

2) 注释行

在 Postfix 的配置文件中，以#开始的行为注释行。如果有多行注释，每行开始都要加上#符号。写配置文件时，不能将注释和参数放在一行。以下是错误示例。

```
# 以下是错误示例，注释不能出现在参数行
myhostname = mail.mydomain.com          #设置主机名
```

3) 多个参数值

如果某参数有两个以上的参数值，各个值之间必须用逗号或空格隔开。

```
mydestination = $myhostname,$mydomain,localhost.$mydomain
```

在Postfix配置文件中，第一个字符为空格或Tab的文本行被视为上一行的延续，因此上例也可写作如下形式。

```
mydestination = $myhostname
$mydomain
localhost.$mydomain
```

如果参数值太多或不适合放在主配置文件中，可另外创建文本文件，将参数值写在文本文件中，而将文件名提供给参数。

例如，系统要受理许多网络域的邮件，现将这些域名写在 destinations 文件中，设置 mydestination 参数。

```
mydestination =/etc/postfix/destinations
```

4) 查询表

查询表是让 Postfix 可从索引键(key)查出对应值(value)。利用查询表，可实现诸如设置虚拟别名域等功能。

例如，配置虚拟别名域文件/etc/postfix/virtual_domain，定义如下语句。

```
# key    value
@example.com @mydomain.com
```

这表示投递到 example.com 域的邮件实际上会被送到 mydomain.com。

对于查询表，要求每个查询表中的索引键必须唯一，不能重复。

在查询表创建好之后，必须使用 postmap 命令创建实际查询用的数据库，并且在每次查询表的文本文件修改后，都必须重建对应的数据库。

例如，创建上述虚拟别名域的数据库。

```
[root@server ~]#postmap /etc/postfix/virtual_domain
```

(5) 重新加载 Postfix 配置

每次修改 main.cf 主配置文件后，必须重新加载 Postfix 配置，从而使改变生效。重新加载的命令如下。

```
[root@server ~]#postfix reload
```

3. main.cf 配置文件的常用参数

1) myhostname

作用：设置 Postfix 的主机名称。

说明：如果 Linux 系统已设置了完整的主机名(hostname)，如 debian.example.com，那么可以不指定 myhostname 参数，Postfix 会以 hostname 的值作为该参数的值。

2) mydomain

作用：设置 Postfix 的域名。

说明：如果已指定 myhostname 的值，则可以不指定 mydomain 参数，Postfix 会去掉 myhostname 值中第一个句点前面的部分，以剩余部分的内容作为 mydomain

的参数值。

3) myorigin

作用：设置发件人所在域的域名。例如邮箱地址为 user@domain.com，@符号后面的 domain.com 就是 myorigin 的值。

说明：myorigin 的值默认为 myhostname 的值。但在实际使用中，一般希望邮箱地址中出现的是域名而不是主机名，因此常将之设为 mydomain 的值。

```
myorigin = $mydomain
```

4) mydestination

作用：设置 Postfix 接收邮件时收件人的域名。

说明：默认情况下，Postfix 使用本地主机名作为该参数的值，即 Postfix 只能接收发送给$myhostname 和 localhost.$myhostname 的邮件。

5) inet_interfaces

作用：设置 Postfix 系统监听的网络接口。

说明：Postfix 默认监听所有的网络接口(参数值为 all)。

例如，设置 Postfix 只能监听自己网域的邮件。

```
inet_interfaces = $mydomain
```

6) mynetworks

作用：设置 Postfix 可转发哪些邮件。

说明：mynetworks 的参数值可以是 IP 地址、IP 子网。

例如，允许 Postfix 转发来自 192.168.1.0/24 及 192.168.0.0/26 网络的邮件。

```
mynetworks = 192.168.1.0/24
mynetworks = 192.168.0.0/26
```

7) mynetworks-style

作用：设置用于网络邮件转发的参数。可选择以下 3 种。

● class：与服务器处于同一类网络(A 类、B 类、C 类)中的任何主机都可使用转发服务。

● subnet：与服务器位于同一子网中的主机可使用转发服务。

● host：只开放本机的转发权限。

说明：通常仅需要设置 ynetworks 可。如果同时设置两个参数，则以 mynetworks 参数的设置为准。

8) relay_domains

作用：设置可转发哪些网域的邮件。

例如，设置 Postfix 信任 example.com 域的所有邮件并自动转发。

```
relay_domains = example.com
```

9) home_mailbox

作用：设置邮箱位置和类型。

例如，将邮箱设置在用户宿主目录下的 Maildir 目录中，类型为 maildir。

```
home_mailbox = Maildir/
```

说明：在相对路径的末尾加"/"为 maildir 格式，否则为 mbox 格式，如

```
home_mailbox = Mailbox
```

例如，配置 Postfix，要求主机名为 mail.test.com，域为 test.com，邮件放置在家目录下的 Maildir 目录中，格式为 maildir。仅可转发 192.168.80.0 网段的邮件，不支持 IPv6，邮件最大 10MB，邮箱最大容量 1GB。

(1) 配置/etc/postfix/main.cf 文件

```
[root@server ~]#vi /etc/postfix/main.cf
#输入或修改如下内容
myhostname = mail.test.com
mydomain = test.com
myorign = $mydomain
mynetworks = 192.168.80.0/24
inet_interfaces = all
inet_protocols = ipv4
mydestination = $myhostname,$mydomain,localhost.$mydomain
home_mailbox = Maildir/
message_size_limit  = 10485760
mailbox_size_limit = 1073741824
```

(2) 重启 Postfix

```
[root@server ~]#/etc/init.d/postfix restart
```

(3) 用 telnet 命令进行测试

```
[root@server ~]#telnet mail.test.com 25
Trying 192.168.80.130…
Connected to mail.test.com
Escape character is '^]'.
220 mail.test.com ESMTP              //连接成功
mail from:user1@test.com             //发送一封邮件
250 2.1.0 Ok
rcpt to:test@test.com                //邮件目的地址
250 2.1.5 Ok
data                                 //写邮件
354 End data with <CR><LF>.<CR><LF>
This is a test mail                  //邮件具体内容
.                                    //以"."结束，然后按 Enter 键
```

```
250 2.0.0 Ok: queued as 27FA8C3342
quit                                        //退出
221 2.0.0 Bye
Connected closed by foreign host.
```

(4) 查看邮件

```
[root@server ~]#ls -l /home/test/Mailbox/new/
-rw------- 1 test test 376 8 20 14:12 1629439929.V801I65b96M294535.mail
```

上述文本文件就是邮箱中所收邮件，可用 cat 等命令查看。安装 Dovecot 后可正常接收邮件并查看。

17.3 Dovecot 的安装和配置

17.3.1 Dovecot 的安装与启动

1. 安装 Dovecot 软件

使用 apt 命令可方便地安装 Dovecot 软件。

```
[root@server ~]#apt-get install  dovecot-pop3d dovecot-imapd
```

系统会自动安装 Dovecot 核心软件包 dovecot-core(如图 17.2 所示)。

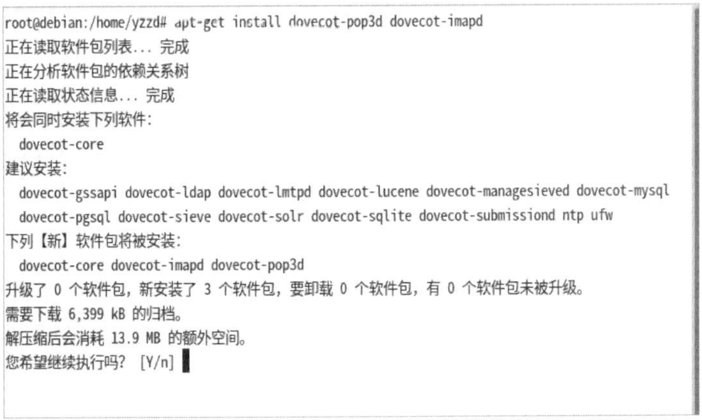

```
root@debian:/home/yzzd# apt-get install dovecot-pop3d dovecot-imapd
正在读取软件包列表... 完成
正在分析软件包的依赖关系树
正在读取状态信息... 完成
将会同时安装下列软件:
  dovecot-core
建议安装:
  dovecot-gssapi dovecot-ldap dovecot-lmtpd dovecot-lucene dovecot-managesieved dovecot-mysql
  dovecot-pgsql dovecot-sieve dovecot-solr dovecot-sqlite dovecot-submissiond ntp ufw
下列【新】软件包将被安装:
  dovecot-core dovecot-imapd dovecot-pop3d
升级了 0 个软件包，新安装了 3 个软件包，要卸载 0 个软件包，有 0 个软件包未被升级。
需要下载 6,399 kB 的归档。
解压缩后会消耗 13.9 MB 的额外空间。
您希望继续执行吗？ [Y/n]
```

图 17.2 安装 Dovecot

2. 启动 Dovecot

在安装后，Dovecot 会自动启动。如果没有启动，则可用如下命令启动 Dovecot。

```
[root@server ~]#/etc/init.d/dovecot start
```

使用 stop 参数可停止 Dovecot 的运行。

```
[root@server ~]#/etc/init.d/dovecot stop
```

如果要重新启动 Dovecot，可使用 restart 参数。

```
[root@server ~]# /etc/init.d/dovecot restart
```

17.3.2　配置 Dovecot

1. Dovecot 的配置文件

Dovecot 的配置文件位置在/etc/dovecot 目录下，其中 dovecot.conf 为主配置文件，所有参数均可在其中配置。但由于采用模块化结构，一般修改/etc/dovecot/conf.d/目录中的相应配置文件，如 10-mail.conf 等，而这些文件通过 include 命令包含在 dovecot.conf 中。

2. Dovecot 常用配置参数

1) mail_location
作用：设置邮箱位置。
例如，将邮箱设置在用户家目录下的 Maildir 目录中。

```
mail_location = maildir:~/ Maildir
```

注意：
该项配置要与 Postfix 中配置一致。

2) disable_plaintext_auth
作用：是否允许密码明文验证，yes 为不允许，no 为允许。
例如，设置允许密码明文验证。

```
disable_plaintext_auth =no
```

3) auth _mechanisms
作用：设置 Dovecot 认证机制。Dovecot 本身就具有认证能力，可不依赖 SASL 进行认证。支持 PLAIN、CRAM-MD5。
例如，设置 Dovecot 认证为 PLAIN、LOGIN。

```
auth _mechanisms = plain login
```

4) ssl
作用：设置是否使用 SSL 机制。
例如，设置不启用 SSL。

```
ssl = no
```

5) login_trusted_networks
作用：配置允许登录的网段地址，默认为允许所有人使用。

例如，设置仅 192.168.80.0 网段的用户可使用该邮件系统。

```
login_trusted_networks = 192.168.80.0/24
```

6）listen

作用：设置是否允许使用 IPv6，*为使用 IPv4,::为使用 IPv6。

例如，设置不使用 IPv6。

```
listen = *
```

7）protocols

作用：设置 Dovecot 使用的协议。

例如，设置使用 IMAP、POP3、POP3S、LMTP 协议。

```
protocols = imap pop3 pop3s lmtp
```

示例： 根据上节 Postfix 示例，配套设置 Dovecot。

（1）配置/etc/postfix/main.cf 文件

```
[root@server ~]#vi /etc/dovecot/dovecot.conf
#输入或修改如下内容
listen = *
login_trusted_networks = 192.168.80.0/24
```

（2）编辑修改 10-mail.conf 文件

```
[root@server ~]#vi /etc/dovecot/conf.d/10-mail.conf
mail_location = maildir:~/Maildir
```

（3）编辑修改 10-auth.conf 文件

```
[root@server ~]#vi /etc/dovecot/conf.d/10-auth.conf
disable_plaintext_auth = no
auth_mechanisms = plain login
```

（4）编辑修改 10-ssl.conf 文件

```
[root@server ~]#vi /etc/dovecot/conf.d/10-ssl.conf
ssl = no
```

（5）编辑修改 10-master.conf 文件

```
[root@server ~]#vi /etc/dovecot/conf.d/10-master.conf
#Postfix smtp-auth
unix_listener /var/spool/postfix/private/auth {
    mode = 0666
    user = postfix
    group = postfix
}
```

(6) 重启 Dovecot

```
[root@server ~]#vi /etc/init.d/dovecot restart
```

(7) 使用 telnet 命令进行测试，接收 test@test.com 邮件

```
[root@server ~]#telnet mail.test.com 110
Trying 192.168.80.130…
Connected to mail.test.com
Escape character is '^]'.
+OK [XCLIENT] Dovecot ready          //连接成功
user test                            //输入用户名
+OK
pass 123                             //输入密码
+OK Logged in
list                                 //查看邮件列表
+ok 2 messages:                      //有两封邮件
1 389
2 387
.
retr 2                               //查看第 2 封邮件
Return-Path:<user1@test.com>
X-Original-To:test
Delivered-To:test@test.com
Received:from mail.test.com (mail.test.com [192.168.80.130])
  by mail.test.com (Postfix) with SMTP id 27FA8C3342
  for <test> ;Fri,20 Aug 202114:09:50 +0800 (CST)
Message-Id:20210820061137.27FA8C3342@mail.test.com
Data: Fri,20 Aug 202114:09:50 +0800 (CST)
From:user1@test.com

This is a test mail
.
quit                                 //退出
```

17.4 配置 SMTP 认证

完成以上设置后，Postfix 已经可以正常收发邮件，但基本的 SMTP 没有验证用户身份的能力。虽然信封上的寄件人地址隐含了发信者的身份，但由于信封地址容易假造，因此不能当成身份凭据。必须为 Postfix 服务加上用户认证，只允许通过认证的用户发送邮件。在 Postfix 邮件系统中，可使用 Cyrus-SASL(Cyrus-Simple Authentication and Security Layer)来实现基本的 SMTP 认证机制。由于配置了 Dovecot 以收取邮件，而 Dovecot 自带认证机制，因此这里使用 Dovecot 来实现 SMTP 的基本认证。

1. 在 Postfix 中启用 SMTP 认证

修改/etc/postfix/main.cf 主配置文件，在其中加入有关 SMTP 认证设置的内容。

```
[root@server ~]# vi /etc/postfix/main.cf
smtpd_sasl_type = dovecot
smtpd_sasl_path = private/auth
smtpd_sasl_auth_enable = yes
smtpd_sasl_local_domain = $myhostname
smptd_sasl_security_options = noanonymous
smtpd_recipient_restrictions = permit_mynetworks, permit_auth_destination,
permit_sasl_authenticated ,reject_unauth_destination
```

2. 在 Dovecot 中启用 SMTP 认证

修改 10-master.conf 文件。

```
[root@server ~]#vi /etc/dovecot/conf.d/10-master.conf
#Postfix smtp-auth
unix_listener /var/spool/postfix/private/auth {
  mode = 0666
  user = postfix
  group = postfix
}
```

3. 使用 tclnet 命令测试 SMTP 认证

下面使用 telnet 命令连接 SMTP 端口并进行测试。

因为认证时需要提供用户名和密码，而前面配置的身份认证采用的是 Base64 编码方式，所以在手动输入前，首先要计算用户名和密码的 Base64 编码，该操作可通过 perl 命令来完成。

```
[root@server ~]#perl -MMIME::Base64 -e 'print encode_base64("hong");'
aG9uZw=                         #经编码的用户名
[root@server ~]# perl -MMIME::Base64 -e 'print encode_base64("123");'
MTIz                            #经编码的密码
利用 telnet 命令连接 SMTP 端口(端口号为 25)
[root@server ~]# telnet mail.yzzd.com 25
Trying 192.168.1.100…
Connected to mail.yzzd.com.
Escape character is '^]'
220 mail.yzzd.com ESMTP Postfix (Debian/GNU)
#输入 ehlo 命令
ehlo mail.yzzd.com
```

Postfix 会列出以下可用功能。

```
250-mail.yzzd.com
250-PIPELINING
250-SIZE 10240000
250-VRFY
250-ETRN
250-AUTH PLAIN LOGIN
250-AUTH=LOGIN PLAIN
250-ENHANCEDSTATUSCODES
250-8BITMIME
AUTH LOGIN                           #验证用户身份
334 VXNlcm5hbWU6
aG9uzw=                              #输入用户名
334 UGFzc3dvcmQ6
MTIz                                 #输入密码
235 2.7.0 Authentication successful
quit                                 #退出
221 2.0.0 Bye
```

17.5　虚拟别名域和用户别名的配置

1. 配置虚拟别名域

通过使用虚拟别名域，可以将发给虚拟域的邮件实际投递到真实域的用户邮箱中；可以实现群组邮递的功能，即指定虚拟邮件地址，任何人发给虚拟邮件地址的邮件都将由邮件服务器自动转发到真实域中的一组用户的邮箱中。虚拟域可以是不存在的域，而真实域既可以是本地域(mydestination 参数值中列出的域)，也可以是远程域或 Internet 中的域。虚拟域是真实域的别名，通过虚拟别名表，实现了虚拟域的邮件地址到真实域的邮件地址的重定向。

(1) 为配置虚拟别名域，需要在 main.cf 文件中定义以下语句。

```
virtual_alias_domains = example.com yzzd.com
virtual_alias_maps = hash:/etc/postfix/virtual_domain
```

其中，virtual_alias_domains 参数设定虚拟别名域的名称，virtual_alias_maps 参数指定含有虚拟别名域定义的文件路径。

(2) 编辑虚拟别名域的定义文件。

```
[root@server ~]#vi /etc/postfix/virtual_domain
@example.com yzzd.com
wang@example.com zhang zhli@163.com
user@example.com user1 user2 user3
```

在上述定义的 virtual_domain 文件中，第 1 行表示将投递到 example.com 域的邮件实际投递到 yzzd.com 域；第 2 行表示将发送到 wang@example.com 的邮件投递到本地 zhang 用户以及 zhli@163.com 邮箱；第 3 行表示将发送到 user@example.com 的邮件发送到本地 user1、user2 和 user3 用户。

(3) 创建虚拟别名域数据库并重新加载配置。

```
[root@server ~]#postmap /etc/postfix/virtual_domain
[root@server ~]#postfix reload
```

2. 配置用户别名

用户别名通过别名表实现别名邮件地址到真实用户邮件地址的重定向。利用用户别名，可将发送到某别名邮箱的邮件转发到多个真实用户的邮箱中，从而实现群组邮递的功能。

(1) 用户别名的 main.cf 配置。

编辑/etc/postfix/main.cf 文件，确认文件中包含以下语句。

```
alias_maps = hash:/etc/aliases
alias_database = hash:/etc/aliases
```

(2) 编辑用户别名表/etc/aliases，定义如下语句。

```
stu: stu1,stu2,sut3
team: /include:/etc/mail/teamuser
user: test@yzzd.com
```

第 1 行表示将发送给 stu 的邮件转发给 sut1、stu2 和 stu3 用户；第 2 行表示将发送给 team 的邮件转发给/etc/mail/teamuser 文件中指定的用户；第 3 行表示将发送给 user 用户的邮件转发到 test@yzzd.com。

(3) 使用 postalias 命令生成用户别名数据库。

对 main.cf 文件和 aliases 文件修改后，需要执行以下命令才能使更改生效。

```
[root@server ~]#postalias /etc/aliases
[root@server ~]#postfix reload
```

17.6   配置客户端

17.6.1   Windows 客户端的设置

Windows 操作系统自带有 Outlook.com 邮件客户端软件，单击【开始】菜单中的【邮件】图标，打开邮件运行窗口。

第一次使用时需要新建邮箱账户。在邮件窗口中单击【展开】菜单并选择【账户】选项，打开【管理账户】窗口(如图 17.3 所示)。

图 17.3　【管理账户】窗口

单击【添加账户】菜单并选择【其他账户】，打开【添加账户】窗口。在【电子邮件地址】文本框中输入完整的邮箱地址(如 hong@mail.yzzd.com)，在【密码】文本框中输入登录邮箱密码(如图 17.4 所示)。

图 17.4　设置电子邮箱地址

单击【添加账户】→【其他账户】→【Internet 电子邮件】，在打开的窗口中设置相关邮件账户收发时使用的接收和发送电子邮件服务器的地址。在【传入电子邮件服务器】文本框中输入 POP3 或 IMAP 服务器地址，在【传出(SMTP)电子邮件服务器】文本框中输入 SMTP 服务器地址(如图 17.5 所示)。

图 17.5　设置邮件服务器地址

如果使用的邮件服务器开启了验证机制，在此可为邮件账户添加身份验证的支持。

17.6.2　Linux 客户端的设置

Debian Linux 操作系统在桌面环境下自带有 Evolution 邮件客户端软件，用法与 Outlook 类似。

在 Linux 命令行下，使用 mail 命令可阅读、发送/接收用户的邮件。

1. 查看指定用户的邮件

格式：mail -u <用户名>

例如，查看并阅读 test 用户的邮件。

```
[test@debian ~]$mail -u test
```

如果 test 用户有未读邮件，将会显示邮件编号、邮件发送者地址、时间、主题等信息，用户可以输入邮件编号以阅读选择的邮件。

2. 发送邮件

格式：mail -s "主题" 用户名@地址<文件名

例如，将 test.mail 文件的内容发送给 wang@example.com。

```
[test@debian ~]$ mail -s "send a mail" wang@example.com <test.mail
```

3. 编辑邮件

例如，编辑一封邮件给 test@example.com 用户，主题是"您好"，邮件内容为"test 用户，您好！"。

```
[wang@debian ~]$mail test@example.com
```

Subject:您好	#输入邮件主题
test 用户，您好！	#编辑邮件内容，按 Ctrl+D 键结束编辑
CC:	#按 Enter 键直接发送邮件

说明：在编辑时，可按 Ctrl+C 键中断编辑。

任务实施

1. 安装 Postfix 和 Dovecot 软件包

```
[root@server ~]#apt-get install postfix dovecot-pop3d dovecot-imapd
```

2. 配置/etc/postfix/main.cf 文件

```
[root@server ~]#vi /etc/postfix/main.cf
#输入或修改如下内容
myhostname = mail.example.com
mydomain = example.com
myorign = $mydomain
mynetworks = 192.168.0.0/24
inet_interfaces=all
alias_maps = hash://etc/aliases
alias_database = hash://etc/aliases
mydestination = $myhostname,$mydomain,localhost.$mydomain
home_mailbox = Maildir/
smtpd_sasl_type = dovecot
smtpd_sasl_path = private/auth
smtpd_sasl_auth_enable = yes
smtpd_sasl_local_domain = $myhostname
smptd_sasl_security_options = noanonymous
smtpd_recipient_restrictions = permit_mynetworks, permit_auth_destination,
permit_sasl_authenticated ,reject_unauth_destination
```

3. 配置用户别名

```
[root@server ~]#vi /etc/aliases
market: zhaoyong,geyu,shenfang
finance: litong,wangju
```

4. 重新生成用户别名数据库并重新加载 Postfix 配置文件

```
[root@server ~]#postalias /etc/aliases
[root@server ~]#postfix reload
```

5. 修改配置 Dovecot

(1) 配置/etc/postfix/main.cf 文件

```
[root@server ~]#vi /etc/dovecot/dovecot.conf
#输入或修改如下内容
listen = *
login_trusted_networks = 192.168.0.0/24
```

(2) 编辑修改 10-mail.conf 文件

```
[root@server ~]#vi /etc/dovecot/conf.d/10-mail.conf
mail_location = maildir:~/Maildir
```

(3) 编辑修改 10-auth.conf 文件

```
[root@server ~]#vi /etc/dovecot/conf.d/10-auth.conf
disable_plaintext_auth = no
auth_mechanisms = plain login
```

(4) 编辑修改 10-ssl.conf 文件

```
[root@server ~]#vi /etc/dovecot/conf.d/10-ssl.conf
ssl = no
```

(5) 编辑修改 10-master.conf 文件

```
[root@server ~]#vi /etc/dovecot/conf.d/10-master.conf
#Postfix smtp-auth
unix_listener /var/spool/postfix/private/auth {
  mode = 0666
  user = postfix
  group = postfix
}
```

6. 重启 Postfix 和 Dovecot 服务

```
[root@server ~]#/etc/init.d/postfix restart
[root@server ~]#/etc/init.d/dovecot restart
```

 思考和练习

一、选择题

1. 下面(　　)是用户代理?
　　A. MTA　　　　B. MUA　　　　C. MMA　　　　D. MUA

2. SMTP 工作在 TCP 上的默认端口号是( )。

    A. 21   B. 22   C. 25   D. 53

3. POP2 协议的默认端口号是( )。

    A. 21   B. 25   C. 80   D. 110

4. 下面( )的作用是设置仅转发指定网络中客户端的邮件。

    A. myorigin   B. mydomain   C. mynetworks   D. myhostname

5. 创建用户别名数据库的命令是( )。

    A. postalias   B. postmap   C. postfix   D. reload

6. Dovecot 不支持以下( )协议。

    A. SMTP   B. POP3   C. POP3S   D. IMAP

二、简答题

1. 电子邮件系统包括哪几个部分？

2. 常用的电子邮件协议有哪些？

3. 修改 Postfix 主配置文件，完成以下功能。

- 设置邮件服务器的主机名为 mail.test.com，域名为 test.com。

- 设置由本机发送的邮件的域名为 test.com。

- 设置 192.168.0.0/24 子网的主机可转发邮件。

- 设置使用用户别名并创建用户别名文件，定义发给 stu 的邮件群发给 stu1、stu2、stu3 用户，发送给 tea 的邮件转发给 tea1、tea2 和 tea@126.com 用户。

实验 17

【实验目的】

1. 掌握电子邮件的概念。

2. 掌握 Postfix 的安装与配置。

3. 掌握 Dovecot 的安装与配置。

4. 熟悉常用邮件客户端的使用。

【实验准备】

1. 安装有 Debian Linux 系统(PC1)和 Windows 系统的虚拟机(PC2)各一台。

2. PC1 中已安装 DNS 服务器。

【实验步骤】

(1) 设置 PC1 和 PC2 的网络参数，其中 PC1 的 IP 地址为 192.168.x.1(x 为学号后 2 位)，PC2 的 IP 地址为 192.168.x.2。测试 PC1 和 PC2 能正常通信。

(2) 在 PC1 上创建两个用户账户(user1 和 user2)设置用户密码并激活。

(3) 安装 Postfix 和 Dovecot。

(4) 设置 Postfix 和 Dovecot 配置文件，要求如下。

● 设置邮件服务器的主机名为 mail.xxx.com(xxx 为姓名拼音简写)，发送邮件域名为 xxx.com，设置仅允许 192.168.x.0/24 网络的客户端可转发邮件。

● 设置启用 SMTP 认证。

(5) 设置 DNS 服务器，要求 DNS 和邮件服务器的地址为 192.168.x.1。设置主区域 xxx.com 并在主区域配置文件中添加相应的 A 记录和 MX 记录。

(6) 使用 telnet 命令测试 SMTP。

(7) 使用 telnet 连接 Postfix 和 Dovecot 并在 user1 和 user2 之间收发一封邮件。

(8) 在 PC2 中配置邮件客户端 Outlook 并添加邮件账户 user1 和 user2。编辑一封邮件，由 user1 发送给 user2 并接收。

【实验总结】

1. 记录在 main.cf 配置文件中正确修改过的内容。

2. 记录用 Outlook 收/发邮件的结果。

任务 18　安装和使用 MySQL

任务引入

某企业要安装一台数据库服务器，用来存放企业员工数据，要求如下。

● 部门表：部门编号、部门名称。

● 员工表：员工编号、姓名、性别、出生日期、所在部门。

任务实施流程

(1) 安装 MySQL 数据库。

(2) 创建数据库。

(3) 添加相应数据。

18.1　MySQL 概述

在日常应用中经常要用到数据库，Linux 系统下的数据库有很多，如 DB2、Oracle、Sybase、PostgreSQL、MySQL、MariaDB 等。MySQL 是其中比较主流的一种，行业内最为普遍的 Web 架构 Linux、Apache、MySQL、PHP(合称 LAMP)就是使用 MySQL 作为数据库。

MySQL 是一个跨平台的关系型数据库管理系统，最早由瑞典的 MySQL AB 公司开发。2008 年 MySQL AB 公司被 Sun 公司收购，之后 Sun 公司被 Oracle 公司收购，目前 MySQL 归属于 Oracle 公司。

MySQL 具有如下优点。

- 支持大数据处理。
- 支持多种存储引擎。
- 支持多线程，CPU 资源利用率高。
- 支持多种操作系统。
- 提供 C、C++、Java 等多种编程语言的 API。
- 对 SQL 查询算法进行了优化，提高了查询速度。

18.2　MySQL 的安装和登录

18.2.1　安装 MySQL

由于 Debian 11 的默认数据库是 MariaDB，因此在 Debian 11 的默认软件包存储库中没有包含 MySQL，需要先添加 MySQL PPA(Personal Package Archives，个人软件包存档)，再配置安装。

小知识：

MariaDB 数据库管理系统是 MySQL 的一个分支，主要由开源社区维护，采用 GPL 授权许可。MariaDB 的目的是完全兼容 MySQL，包括 API 和命令行。开发这个分支的原因之一是，Oracle 公司收购 MySQL 后有将 MySQL 闭源的潜在风险，因此社区采用分支的方式来避开这个风险。

1. 下载并配置 MySQL PPA

MySQL 团队为 Debian Linux 提供了官方 MySQL PPA。可以在 Debian 系统上下载并安装该软件包，从而将 PPA 文件添加到 Linux 系统中。运行以下命令启用 PPA。

```
[root@debian:~]#wget
http://repo.mysql.com/mysql-apt-config_0.8.22-1_all.deb
[root@debian:~]#dpkg -i mysql-apt-config_0.8.22-1_all.deb
```

当然，也可以在网址 18.1 中直接下载 MySQL 安装包(如图 18.1 所示)。

图 18.1　MySQL 存储库安装包下载页面

　　安装过程会打开 mysql-apt-config 配置对话框,选择需要安装的 MySQL 版本(如图 18.2 所示)。

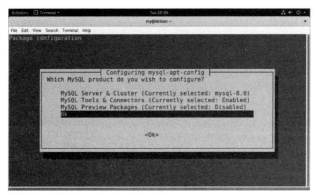

图 18.2　配置 mysql-apt-config 对话框

　　默认选择的版本为 MySQL 8.0。如果要安装其他版本,可以选择 MySQL Server & Cluster(Currently selected:mysql-8.0)菜单项,然后选择对应的 MySQL 版本。

2. 在 Debian 上安装 MySQL

下载安装好 MySQL PPA 后,可使用以下命令安装 MySQL。

```
[root@debian ~]#apt-get update
[root@debian ~]#apt-get install mysql-server
```

　　安装过程将提示输入 root 密码,打开 MySQL 数据库 root 用户密码设置对话框(如图 18.3 所示)。输入密码,这将是登录 MySQL 数据库所需的 root 密码。

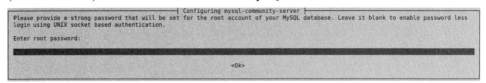

图 18.3　输入 MySQL 数据库 root 用户密码

3. MySQL 服务的启动和停止

安装好 MySQL 后，可使用以下命令查询服务的状态。

```
[root@debian ~]#service mysqld status
```

若显示 mysqld is running，则表示 MySQL 服务是启动状态；否则为停止状态，可使用以下脚本命令启动 MySQL。

```
[root@debian ~]#/etc/init.d/mysqld start
```

18.2.2 登录 MySQL

1. 登录 MySQL 数据库

```
[root@debian ~]#mysql -u root -p     //登录 MySQL 数据库
Enter password:                      //输入安装 MySQL 时设置的 root 用户密码
Welcome to the MySQL monitor.  Commands end with ; or \g.
Your MySQL connection id is 8
Server version: 8.0.28 MySQL Community Server - GPL
Copyright (c) 2000, 2022, Oracle and/or its affiliates.
Oracle is a registered trademark of Oracle Corporation and/or its
affiliates. Other names may be trademarks of their respective
owners.
Type 'help;' or '\h' for help. Type '\c' to clear the current input statement.
mysql>
```

出现 MySQL 命令提示符 msyql>，表示登录成功。

2. 退出 MySQL

有以下 3 种方法可以退出 MySQL。

```
mysql>quit;
mysql>exit;
mysql>\q;
```

18.3 MySQL 基本操作

18.3.1 数据库基本操作

MySQL 数据库操作主要有创建、删除和查看数据库。

1. 显示数据库

格式：show databases;

作用：显示当前数据库服务器下的所有数据库列表。

例如，查看当前服务器的数据库列表。

```
mysql>show databases;
+--------------------+
| Database           |
+--------------------+
| information_schema |
| mysql              |
| performance_schema |
| sys                |
+--------------------+
4 rows in set (0.01 sec)
```

终端列出了 information_schema、mysql、performance_schema 和 sys 这 4 个数据库，它们是在安装 MySQL 时由系统自动创建的。

2. 创建数据库

格式： create database <数据库名>;

作用： 创建指定的数据库。

例如，创建一个名为 test_db 的数据库。

```
mysql>create database test_db;
Query OK, 1 row affected (0.00 sec)
```

执行完成后，再使用 show databases 命令查看数据库。

```
mysql> show databases;
+--------------------+
| Database           |
+--------------------+
| information_schema |
| mysql              |
| performance_schema |
| sys                |
| test_db            |
+--------------------+
5 rows in set (0.00 sec)
```

3. 删除数据库

格式： drop database <数据库名>;

作用： 删除指定的数据库。

例如，删除数据库 test_db。

```
mysql>drop database test_db;
Query OK, 0 rows affected (0.02 sec)
```

4. 指定数据库

格式：use <数据库名>

作用：选择一个数据库作为当前默认的数据库。

注意：

在对数据库进行操作之前，必须先使用 use 命令指定数据库。

18.3.2 数据表基本操作

创建数据库后，需要创建数据表来存储数据。数据表是一种重要的数据库对象，数据表的操作主要有数据表的创建与管理、表数据的增删改等。

1. 数据类型

为管理和使用数据表中的数据，需要对这些数据分类，形成各种数据类型。MySQL 的数据类型主要有三大类：数值类型、字符串类型和日期/时间类型。

1) 数值类型

MySQL 中的数值类型分为整型和浮点型，用来存储各种整数和小数。不同类型存储时所占存储空间大小及其取值范围都有区别(见表 18.1)。

表 18.1 数值类型及取值范围

类型	所占字节	说明	取值范围
TINYINT	1	微整型	有符号：−128~127
			无符号：0~255
SMALLINT	2	小整型	有符号：−32 768~32 767
			无符号：0~65 535
MEDIUMINT	3	中整型	有符号：−8 388 608~8 388 607
			无符号：0~16 777 215
INT	4	整型	有符号：−2 147 483 648~2 147 483 647
			无符号：0~4 294 967 295
BIGINT	8	大整型	有符号：−9 223 372 036 854 775 808~9 223 372 036 854 775 807
			无符号：0~18 446 744 073 709 551 615
FLOAT	4	单精度型	−3.402 823 466E+38~−1 175 494 351E-38
			0
			1.175 494 351E-38~3.402 823 466 351E+38
DOUBLE	8	双精度型	−1.7 976 931 348 623 157E+308~−2.2 250 738 585 072 014E-308
			0
			2.2 250 738 585 072 014E-308~1.7 976 931 348 623 157E+308
DECIMAL(M,D)	M+2	精确数型	由 M(整个数字长度)和 D(小数点右边的位数)的值决定

注意:

- 在整型后面加上 UNSIGNED 属性,表示声明的是无符号数,如 INT UNSIGNED。
- 声明整型时,可为其指定一个显示宽度(1~255),如 INT(3)表示显示宽度为 3 个字符。

(2) 字符串类型

MySQL 支持以单引号和双引号包含的字符串,它们表示同一个字符串。字符串类型及其取值范围如表 18.2 所示。

表 18.2　字符串类型及取值范围

类型	所占字节	说明	取值范围 (字节)
CHAR(M)	M	定长字符串	0~255
VARCHAR(M)	L+1	变长字符串	0~65 535
TINYBLOB/TINYTEXT	L+1	微小二进制形式文本数据/微小字符串	0~255
BLOB/TEXT	L+2	二进制形式小文本数据/小文本数据	0~65 535
MEDIUMBLOB/ MEDIUMTEXT	L+3	二进制形式中等文本数据/中等长度文本数据	0~16 777 215
LONGBLOB/LONGTEXT	L+4	二进制形式的大文本数据/大文本数据	0~4 294 967 295

注意:

- 对于变长字符串类型,其长度取决于存放在数据列中的值的长度 L,L 以外的额外字节为存放 L 本身的长度所需字节数。
- 在使用 CHAR 和 VARCHAR 类型时,当传入的实际长度大于指定的长度时,字符串会被截取至指定长度。
- BLOB 和 TEXT 类型都可存放任意大数据的数据类型,但 BOLB 类型区分大小写。

(3) 日期/时间类型

日期/时间类型用来存储如 2023-3-15 或 12:18:00 的日期时间值。日期/时间类型及其取值范围如表 18.3 所示。

表 18.3　日期/时间类型及取值范围

类型	所占字节	说明	取值范围
DATE	3	YYYY-MM-DD	1000-01-01~9999-12-31
TIME	3	hh:mm:ss	-838:59:59~838:59:59

(续表)

类型	所占字节	说明	取值范围
DATETIME	8	YYYY-MM-DD hh:mm:ss	1000-01-01 00:00:00~9999-12-31 23:59:59
TIMESTAMP	4	YYYYMMDDhhmmss	19700101000000~2037 年某时刻
YEAR	1	YYYY	1901~2155

2. 数据表操作命令

1) 创建数据表

格式：create table <表名>(字段名 1 数据类型[属性]... 字段名 n 数据类型[属性]);

作用：创建数据表。

例如，在数据库 test_db 中创建数据表 student，其中 id 字段为自动增加的无符号整数、主键，sno、name 字段不允许为空。

```
mysql> use test_db;
Database changed
mysql>create table student(
  id int unsigned primary key not null auto_increment
  sno varchar(9) not NULL
  name varchar(16) not NULL
  sex varchar(1)
  age int
  );
Query OK, 0 rows affected (0.01 sec)
```

2) 查看数据表

格式：show tables;

作用：查看数据表。

例如，查看数据库 test_db 中的数据表。

```
mysql>show tables;
+------------------+
| Tables_in_test_db |
+------------------+
| student          |
+------------------+
1 row in set (0.00 sec)
```

3) 查看数据表结构

格式：desc <表名> ;

作用：查看指定数据表的结构。

例如，查看数据表 student 的结构，运行结果如图 18.4 所示。

```
mysql> desc student;

+-------+-------------+------+-----+---------+----------------+
| Field | Type        | Null | Key | Default | Extra          |
+-------+-------------+------+-----+---------+----------------+
| id    | int         | NO   | PRI | NULL    | auto_increment |
| sno   | varchar(9)  | YES  |     | NULL    |                |
| name  | varchar(16) | YES  |     | NULL    |                |
| sex   | varchar(1)  | YES  |     | NULL    |                |
| age   | int         | YES  |     | NULL    |                |
+-------+-------------+------+-----+---------+----------------+
5 rows in set (0.00 sec)
```

图 18.4　查看学生表(student)的结构

执行完成后，会列出数据表 student 的结构，包括字段名、字段类型、字段是否能取空值、字段是否含有索引、字段默认值及其他信息。

4) 修改表结构

格式： alter table <表名>

　　　　add 字段名　数据类型[属性]　　　　　//添加一个新字段

　　　　modify 字段名　数据类型[属性])　　　//修改字段的数据类型等

　　　　change 字段名　数据类型[属性])　　　//修改字段的数据类型、字段名

　　　　drop 字段名　　　　　　　　　　　//删除字段

　　　　rename as　新表名;　　　　　　　//给数据表重新命名

5) 删除数据表

格式： drop table <表名> ;

作用： 删除指定的数据表。

3. 管理表数据

1) 插入记录

格式： insert into <表名>[(字段名 1，...，字段名 n)] values(值 1，...，值 n)

作用： 在指定的数据表中插入一条或多条记录。

注意：

表名后面指定的字段列表要与 values 后面的表达式列表的值一一对应，且数据类型要匹配。若一次插入多条记录，可在 values 后面加多个表达式列表，中间以逗号隔开。

例如，向数据表 student 中添加两条记录。

```
mysql> insert into student(sno,name,sex,age)
values('200101001','zhangsan','M',21),
values('200101002','lisi','M',22);
```

2）查询记录

格式： select all|*|字段列表 from <表名> [where 查询条件] [order by 排序字段 asc|desc] [like 关键字];

作用： 在指定的数据表中查询一条或多条记录。

说明：

select 子句——用来指定查询返回的字段。all 和星号(*)表示返回所有字段，也可指定字段列表，中间用逗号隔开。

from 子句——用来指定数据表。

where 子句——用来限定查询条件。

order by 子句——用来指定结果的排序方式。asc 表示升序，可省略；desc 表示降序。

like 子句——通过关键字和通配符的使用，实现对数据的模糊查询。通配符%表示匹配一个或多个字符；_表示匹配任意一个字符。

例如，从学生表 student 中查询所有记录。查询结果如图 18.5 所示。

```
mysql>select * from student;
```

```
+----+-----------+----------+-----+-----+
| id | sno       | name     | sex | age |
+----+-----------+----------+-----+-----+
|  1 | 200101001 | zhangsan | M   |  21 |
|  2 | 200101002 | lisi     | M   |  22 |
|  3 | 200101003 | wangwu   | M   |  23 |
+----+-----------+----------+-----+-----+
3 rows in set (0.00 sec)
```

图 18.5　查询学生表中的所有记录

从学生表 student 中查询 id=1 的记录，结果如图 18.6 所示。

```
mysql>select * from student where id=1;
```

```
+----+-----------+----------+-----+-----+
| id | sno       | name     | sex | age |
+----+-----------+----------+-----+-----+
|  1 | 200101001 | zhangsan | M   |  21 |
+----+-----------+----------+-----+-----+
1 row in set (0.00 sec)
```

图 18.6　查询学生表中 id 为 1 的记录

从学生表 student 中查询 name 字段值包含字母 a 的所有记录，结果如图 18.7 所示。

```
mysql>select * from student where name like '%a%';
```

```
+----+-----------+----------+-----+-----+
| id | sno       | name     | sex | age |
+----+-----------+----------+-----+-----+
|  1 | 200101001 | zhangsan | M   |  21 |
|  3 | 200101003 | wangwu   | M   |  23 |
+----+-----------+----------+-----+-----+
2 rows in set (0.00 sec)
```

图 18.7　查询学生表中 name 字段值包含字母 a 的记录

3) 修改记录

格式：update <表名> set 字段名 1＝值 1[，字段名 2＝值 2，...，字段名 n＝值 n] [where 条件];

作用：修改数据表中指定条件记录的数据值。

例如，将数据表 student 中 id=1 的记录的 name 字段值修改为 zs。

```
mysql> update student set name='zs' where id=1;
Query OK, 1 row affected (0.00 sec)
Rows matched: 1  Changed: 1  Warnings: 0
```

4) 删除记录

格式：delete from <表名> [where 条件];

作用：删除数据表中满足条件的记录。

例如，将数据表 student 中 id=1 的记录删除。

```
mysql> delete from student where id=1;
Query OK, 1 row affected (0.00 sec)
```

 任务实施

1. 安装 MySQL 并创建数据库

```
[root@debian:~]#wget
http://repo.mysql.com/mysql-apt-config_0.8.22-1_all.deb
[root@debian:~]#dpkg -i mysql-apt-config_0.8.22-1_all.deb
[root@debian ~]#apt-get update
[root@debian ~]#apt-get install mysql-server
[root@debian ~]#mysql -u root -p              //登录 MySQL 数据库
mysql>create database test_db;
```

2. 创建数据表并添加记录

```
mysql>use test_db;
mysql>create table department(
  depart_id int unsigned primary key not null
  depart_name varchar(16) not NULL
  );
mysql>create table person(
  id int unsigned primary key not null auto_increment
  name varchar(16) not NULL
  sex varchar(1)
  birthday date
  d_id int
```

```
    );
mysql>insert into department(depart_id,depart_name)
values(1001,'design'),
  values(1002,'market');
mysql> insert into person(name,sex,d_id)
  values('jack','M',1001),
  values('tom','M',1001),
  values('rose','F',1002);
  mysql>quit;
```

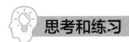 思考和练习

一、填空题

1. 启动 MySQL 服务的命令是_____，停止 MySQL 服务的命令是_____。

2. 查看数据库的命令是_____，查看数据表的命令是_____。

3. 查看数据表结构的命令是_____。

4. 在 MySQL 数据库中，插入记录的命令是_____，查询记录的命令是_____，修改记录的命令是_____，删除记录的命令是_____。

二、选择题

1. 下列不是关系型数据库的是(　　)。
   A. SQL Server   B. Oracle
   C. MariaDB   D. MongoDB

2. 删除数据库的命令是(　　)。
   A. drop database   B. drop databases
   C. delete database   D. delete databases

3. 下列不是 MYSQL 数值类型的是(　　)。
   A. INT   B. FLOAT
   C. TEXT   D. DOUBLE

4. 下列(　　)子句可实现数据的模糊查询。
   A. from   B. where
   C. order   D. like

三、简答题

1. MySQL 数据库有哪些优点？
2. 安装 MySQL 时系统自动创建的数据库有哪些？

实验 18

【实验目的】

1. 熟悉数据库操作命令。
2. 熟悉数据表操作命令。

【实验准备】

1. 一台在 VMware 中安装好 Linux 虚拟机。
2. Debian 操作系统中安装好 MySQL 数据库。

【实验步骤】

(1) 查看是否安装了 MySQL 数据库服务器。

(2) 登录 MySQL 数据库并创建数据库。

(3) 创建数据表 student，要求有学号、姓名、性别、年龄等字段。查询数据表结构并记录。

(4) 在数据表中添加总分字段。查询表结构并记录。

(5) 在表中增加 3 条数据记录，其中一条是自己，增加成功后，查询数据表所有数据并记录。

(6) 修改自己姓名的记录总分，查询修改后的记录。

(7) 删除一条记录。

【实验总结】

1. 记录数据表结构修改前后的情况。
2. 记录数据表操作的具体情况。

参考文献

1. 湛锐涛.Linux 从入门到精通[M]. 北京：机械工业出版社，2021.

2. 陶松等.Ubuntu Linux 从入门到精通[M]. 北京：人民邮电出版社，2022.

3. 鸟哥. 鸟哥的 Linux 私房菜 基础学习篇 第四版[M]. 北京：人民邮电出版社，2018.

4. 阮晓龙.Linux 服务器构建与运维管理从基础到实战(基于 CentOS 8 实现)[M]. 北京：水利水电出版社，2020.

5. 杨云 林哲.Linux 网络操作系统项目教程(RHEL 7.4/CentOS 7.4) (第 3 版)[M]. 北京：人民邮电出版社，2019.

6. 杨海艳等.CentOS 系统配置与管理[M]. 北京：电子工业出版社，2017.

7. 张春晓.Ubuntu Linux 系统管理实战[M]. 北京：清华大学出版社，2018.

8. [美]Wale Soyinka. Linux 管理入门经典(第 8 版)[M]. 北京：清华大学出版社，2021.

9. 李志杰.Linux 服务器配置与管理[M]. 北京：电子工业出版社，2020.

10. 张敬东.Linux 服务器配置与管理[M]. 北京：清华大学出版社，2022.